Quantenmechanik: Eintauchen in die seltsame Welt der subatomaren Teilchen

Copyright © 2024 Dominik Schiffer

Alle Rechte vorbehalten. Kein Teil dieses Buches darf ohne vorherige schriftliche Genehmigung des Herausgebers in irgendeiner Form oder mit irgendwelchen Mitteln, einschließlich Fotokopieren, Aufzeichnen oder anderen elektronischen oder mechanischen Verfahren, reproduziert, verbreitet oder übertragen werden, außer im Falle kurzer Zitate in kritischen Rezensionen und bestimmter anderer nichtkommerzieller Verwendungen, die durch das Urheberrecht gestattet sind.

Genehmigungsanfragen richten Sie bitte schriftlich an den Herausgeber mit der Adressatenbezeichnung „Zu Händen des Genehmigungskoordinators" an die unten aufgeführte Adresse.

Dominik Schiffer

Gedruckt in den Vereinigten Staaten von Amerika
Erstausgabe 2024

INHALTSVERZEICHNIS

Vorwort
Einführung
Kapitel 1: Klassische Mechanik vs. Quantenmechanik
Kapitel 2: Welle-Teilchen-Dualität
Kapitel 3: Das Unschärfeprinzip
Kapitel 4: Quantenzustände und Superposition
Kapitel 5: Quantenverschränkung
Kapitel 6: Die Schrödinger-Gleichung
Kapitel 7: Quantentunneln
Kapitel 8: Die Kopenhagener Deutung
Kapitel 9: Das Quantenmessproblem
Kapitel 10: Quantencomputing
Kapitel 11: Quantenkryptographie
Kapitel 12: Quantenfeldtheorie
Kapitel 13: Quantenelektrodynamik
Kapitel 14: Quantenchromodynamik

Kapitel 15: Stringtheorie und Quantengravitation
Kapitel 16: Experimentelle Techniken in der Quantenmechanik
Kapitel 17: Philosophische Implikationen
Abschluss
Danksagung
ANDERE BÜCHER DES AUTORS

Quantenmechanik: Eintauchen in die seltsame Welt der subatomaren Teilchen

AUTOR
Dominik Schiffer

Vorwort

Die Quantenmechanik mit ihren tiefgreifenden und oft kontraintuitiven Prinzipien gilt als eines der faszinierendsten und revolutionärsten Gebiete der modernen Wissenschaft. Seit ihrer Entstehung im frühen 20. Jahrhundert hat die Quantenmechanik nicht nur unser Verständnis des physikalischen Universums neu geformt, sondern auch den Weg für bahnbrechende Technologien geebnet, die unsere Welt weiterhin verändern.

„Quantenmechanik: Eintauchen in die seltsame Welt der subatomaren Teilchen" ist eine Reise in das Herz dieses faszinierenden Bereichs. Dieses Buch zielt darauf ab, die Kernkonzepte und Phänomene, die die Quantenmechanik definieren, zu entmystifizieren und sie sowohl Studenten als auch Enthusiasten zugänglich zu machen. Egal, ob Sie neu auf dem Gebiet sind oder über Vorkenntnisse verfügen, dieses Buch führt Sie durch die grundlegenden Prinzipien, wichtigen Experimente und die neuesten Fortschritte auf diesem Gebiet.

Die Struktur dieses Buches ist darauf ausgelegt, einen umfassenden Überblick zu geben, beginnend mit der historischen Entwicklung der Quantentheorie und fortschreitend durch die wesentlichen Themen, die jeder ernsthafte Student der Quantenmechanik verstehen sollte. Von der Welle-Teilchen-Dualität und dem Unschärfeprinzip bis hin zur Quantenverschränkung und Quanteninformatik baut jedes Kapitel auf den vorherigen auf und schafft so eine zusammenhängende Erzählung, die die Schönheit und Komplexität der Quantenwelt veranschaulicht.

Besonderes Augenmerk wurde auf die Erklärung der philosophischen Implikationen der Quantenmechanik und ihrer Auswirkungen auf unsere Wahrnehmung der Realität gelegt. Darüber hinaus untersuchen wir die technologischen Anwendungen, die sich aus der

Quantentheorie ergeben haben, und zeigen auf, wie diese Fortschritte die Zukunft gestalten.

Dieses Buch wäre ohne die Beiträge und die Unterstützung vieler Menschen nicht möglich gewesen. Mein tiefster Dank gilt meinen Kollegen und Mentoren, die mir wertvolle Erkenntnisse und Rückmeldungen lieferten. Ich bin auch meiner Familie für ihre unermüdliche Unterstützung und Geduld während des gesamten Schreibprozesses dankbar.

Ich hoffe, dass „Quantenmechanik: Eintauchen in die seltsame Welt der subatomaren Teilchen" Neugier weckt und eine tiefere Wertschätzung für die Wunder der Quantenwelt vermittelt. Möge es als Sprungbrett für weitere Erkundungen und Entdeckungen auf diesem außergewöhnlichen Gebiet dienen.

Aufrichtig,

Dominik Schiffer
2024

Einführung

Das Universum wird auf seiner grundlegendsten Ebene von Prinzipien bestimmt, die sowohl erstaunlich als auch verwirrend sind. Die Quantenmechanik, der Zweig der Physik, der das Verhalten von Materie und Energie auf kleinster Ebene untersucht, enthüllt eine Realität, die unseren alltäglichen Erfahrungen widerspricht. Von Teilchen, die gleichzeitig in mehreren Zuständen existieren, bis hin zu verschränkten Einheiten, die sich unabhängig von der Entfernung augenblicklich gegenseitig beeinflussen, ist die Quantenwelt ebenso faszinierend wie verwirrend.

Die Reise zum Verständnis der Quantenmechanik begann im frühen 20. Jahrhundert, als bahnbrechende Wissenschaftler wie Max Planck, Albert Einstein, Niels Bohr, Werner Heisenberg und Erwin Schrödinger die klassischen Vorstellungen der Physik in Frage stellten. Sie entdeckten, dass sich Teilchen wie

Elektronen und Photonen auf subatomarer Ebene auf eine Weise verhalten, die die klassische Physik nicht erklären konnte. Diese Entdeckungen führten zur Entwicklung der Quantentheorie, einem Rahmen, der seitdem für die Beschreibung des Verhaltens der mikroskopischen Welt unverzichtbar geworden ist.

Dieses Buch, „Quantenmechanik: Eintauchen in die seltsame Welt der subatomaren Teilchen", soll Sie auf eine geführte Tour durch dieses außergewöhnliche Gebiet mitnehmen. Unsere Erkundung wird die historischen Meilensteine abdecken, die die Geburt und Entwicklung der Quantenmechanik kennzeichneten, in die grundlegenden Prinzipien und Experimente eintauchen, die der Theorie zugrunde liegen, und die tiefgreifenden Auswirkungen auf Wissenschaft und Technologie untersuchen.

Wir beginnen mit der Gegenüberstellung der deterministischen Welt der klassischen Physik mit der probabilistischen Natur der

Quantenmechanik. Dieser Übergang verdeutlicht die Grenzen klassischer Theorien und schafft die Grundlage für das Verständnis der Notwendigkeit eines neuen Ansatzes. Schlüsselkonzepte wie Welle-Teilchen-Dualität, das Unschärfeprinzip und die Quantensuperposition werden vorgestellt, jeweils begleitet von anschaulichen Experimenten und Gedankenexperimenten, die das seltsame, aber konsistente Verhalten der Quantenwelt offenbaren.

Im weiteren Verlauf werden wir uns mit fortgeschritteneren Themen wie Quantenverschränkung, Quantentunneln und den verschiedenen Interpretationen der Quantenmechanik befassen, die jeweils eine andere Perspektive auf die Natur der Realität bieten. Auch die praktischen Anwendungen der Quantentheorie werden untersucht, von Quantencomputern und Kryptographie bis hin zur Entwicklung neuer Materialien und Technologien.

Einer der faszinierendsten Aspekte der Quantenmechanik sind ihre philosophischen Implikationen. Die Theorie stellt unsere Vorstellungen von Realität, Kausalität und Determinismus in Frage und führt zu tiefgreifenden Fragen über die Natur des Universums und unseren Platz darin. Diese philosophischen Überlegungen werden in unsere Diskussion einfließen und einen breiteren Kontext für die wissenschaftlichen Prinzipien bieten.

Dieses Buch möchte die komplexen und abstrakten Konzepte der Quantenmechanik zugänglich und spannend machen. Egal, ob Sie Student, Wissenschaftsliebhaber oder einfach nur neugierig auf die Funktionsweise des Universums sind, ich hoffe, diese Reise wird Ihr Interesse wecken und Ihr Verständnis für eines der aufregendsten und rätselhaftesten Wissenschaftsgebiete vertiefen.

Willkommen in der seltsamen Welt der subatomaren Teilchen. Lassen Sie sich überraschen.

Kapitel 1: Klassische Mechanik vs. Quantenmechanik

1.1 Einleitung

In der Physik ging es schon immer darum, die grundlegenden Prinzipien des Universums zu verstehen. Jahrhundertelang bildete die klassische Mechanik, deren Pioniere Isaac Newton waren, die Grundlage unseres Verständnisses physikalischer Phänomene. Die klassische Mechanik war hervorragend darin, die makroskopische Welt mit bemerkenswerter Präzision zu beschreiben und alles von den Umlaufbahnen der Planeten bis hin zur Bewegung alltäglicher Gegenstände zu erklären. Als Wissenschaftler jedoch tiefer in die mikroskopische Welt vordrangen, stießen sie auf Phänomene, die die klassische Mechanik nicht erklären konnte. Dies führte zur Geburt der Quantenmechanik, einem revolutionären Rahmen, der unser Verständnis der subatomaren Welt neu definierte.

1.2 Die Prinzipien der klassischen Mechanik

Die klassische Mechanik basiert auf einer deterministischen Sicht des Universums, in der das zukünftige Verhalten eines Systems genau vorhergesagt werden kann, wenn seine Anfangsbedingungen bekannt sind. Diese deterministische Natur ist in Newtons drei Bewegungsgesetzen zusammengefasst:

1. **Erstes Newtonsches Gesetz (Trägheitsgesetz)**: Ein Gegenstand bleibt im Ruhezustand oder in gleichförmiger Bewegung, sofern keine äußere Kraft auf ihn einwirkt.
2. **Zweites Newtonsches Gesetz (Beschleunigungsgesetz)**: Die Beschleunigung eines Objekts ist direkt proportional zur auf es einwirkenden Nettokraft und umgekehrt proportional zu seiner Masse ($F = ma$).
3. **Drittes Newtonsches Gesetz (Aktion und Reaktion)**: Auf jede Aktion gibt es eine gleich große und entgegengesetzte Reaktion.

Zur klassischen Mechanik gehört auch das Gesetz der universellen Gravitation, wonach jedes Materieteilchen im Universum jedes andere Teilchen mit einer Kraft anzieht, die proportional zu ihrer Masse und umgekehrt proportional zum Quadrat der Entfernung zwischen ihren Mittelpunkten ist.

1.2.1 Determinismus und Vorhersagbarkeit

Eines der Markenzeichen der klassischen Mechanik ist ihre Vorhersagbarkeit. Bei vollständiger Kenntnis der Anfangsbedingungen eines Systems – wie etwa der Positionen und Geschwindigkeiten von Teilchen – können zukünftige Zustände mithilfe deterministischer Bewegungsgleichungen präzise berechnet werden. Diese Vorhersagbarkeit erstreckt sich auch auf die Himmelsmechanik, wo die genauen Umlaufbahnen von Planeten und Monden mit außerordentlicher Genauigkeit vorhergesagt werden können.

1.2.2 Wellentheorie und Elektromagnetismus

In der klassischen Mechanik geht es nicht nur um Teilchen; sie umfasst auch die Wellentheorie und den Elektromagnetismus. James Clerk Maxwells Gleichungen vereinten Elektrizität und Magnetismus in einer einzigen Theorie des Elektromagnetismus und beschrieben, wie sich elektrische und magnetische Felder als Wellen durch den Raum ausbreiten. Zu diesen elektromagnetischen Wellen zählen sichtbares Licht, Radiowellen und Röntgenstrahlen, und sie gehorchen den Prinzipien der klassischen Wellentheorie.

1.3 Die Krise der klassischen Physik

Im späten 19. und frühen 20. Jahrhundert offenbarten mehrere experimentelle Beobachtungen die Grenzen der klassischen Mechanik. Diese Anomalien veranlassten Wissenschaftler, die Grundlagen der Physik zu überdenken.

1.3.1 Schwarzkörperstrahlung

Eine der ersten großen Krisen war das Problem der Schwarzkörperstrahlung. Die klassische

Physik sagte im Rahmen des Rayleigh-Jeans-Gesetzes voraus, dass ein Schwarzkörper unendlich viel Energie im Ultraviolettbereich aussendet – ein Ergebnis, das als „Ultraviolettkatastrophe" bekannt ist. Experimente zeigten jedoch, dass die Schwarzkörperstrahlung bei einer bestimmten Wellenlänge ihren Höhepunkt erreicht und dann abnimmt, was den klassischen Vorhersagen widerspricht.

1.3.2 Der Photoelektrische Effekt

1887 beobachtete Heinrich Hertz den photoelektrischen Effekt, bei dem Licht, das auf eine Metalloberfläche fällt, Elektronen ausstößt. Die klassische Wellentheorie ging davon aus, dass die Energie der ausgestoßenen Elektronen von der Lichtintensität abhängen sollte, Experimente zeigten jedoch, dass die Energie von der Lichtfrequenz abhängt. Albert Einsteins Erklärung, dass Licht aus diskreten Energiepaketen besteht, die Photonen genannt werden, brachte ihm den Nobelpreis ein und markierte einen Wendepunkt in der Entwicklung der Quantentheorie.

1.3.3 Atomspektren

Auch die klassische Mechanik hatte Schwierigkeiten, Atomspektren zu erklären. Wenn Atome angeregt werden, emittieren sie Licht mit bestimmten Frequenzen und bilden diskrete Spektrallinien. Das klassische Modell, das Elektronen um den Atomkern kreisen ließ wie Planeten um die Sonne, konnte diese diskreten Linien nicht erklären.

1.4 Die Geburt der Quantenmechanik

Im frühen 20. Jahrhundert entwickelte sich die Quantenmechanik, ein theoretischer Rahmen, der diese Anomalien auflöste und ein neues Verständnis der mikroskopischen Welt ermöglichte. Dieser Paradigmenwechsel wurde durch mehrere wichtige Entdeckungen und theoretische Fortschritte vorangetrieben.

1.4.1 Max Planck und die Quantenhypothese

Max Planck führte im Jahr 1900 das Konzept der Quantisierung ein, um das Problem der Schwarzkörperstrahlung zu lösen. Er schlug vor, dass Energie in diskreten Einheiten, sogenannten Quanten, emittiert oder absorbiert wird. Plancks Quantisierungshypothese erklärte erfolgreich das beobachtete Schwarzkörperspektrum und legte damit den Grundstein für die Quantentheorie.

1.4.2 Niels Bohr und das Wasserstoffatom

Niels Bohr wandte 1913 Quantenkonzepte auf das Wasserstoffatom an. Bohr schlug vor, dass Elektronen bestimmte Umlaufbahnen mit quantisierter Energie einnehmen und beim Übergang zwischen diesen Umlaufbahnen Energie abgeben oder absorbieren. Sein Modell erklärte die Spektrallinien von Wasserstoff und lieferte eine starke Unterstützung für die Quantentheorie.

1.4.3 Louis de Broglie und der Welle-Teilchen-Dualismus

Louis de Broglie stellte 1924 die Theorie auf, dass Teilchen wie Elektronen wellenartige Eigenschaften aufweisen. Seine Hypothese des Welle-Teilchen-Dualismus ging davon aus, dass jedes Teilchen eine Wellenlänge hat, die umgekehrt proportional zu seinem Impuls ist. Diese Idee wurde experimentell durch das Davisson-Germer-Experiment bestätigt, bei dem Elektronenbeugungsmuster beobachtet wurden.

1.5 Grundlegende Prinzipien der Quantenmechanik

Die Quantenmechanik basiert auf mehreren grundlegenden Prinzipien, die sie von der klassischen Mechanik unterscheiden. Zu diesen Prinzipien gehören der Welle-Teilchen-Dualismus, das Unschärfeprinzip, die Quantensuperposition und die Verschränkung.

1.5.1 Welle-Teilchen-Dualität

Welle-Teilchen-Dualität ist das Konzept, dass Teilchen sowohl wellen- als auch partikelartige Eigenschaften aufweisen. Diese Dualität zeigt sich in Phänomenen wie dem Doppelspaltexperiment, bei dem Teilchen wie Elektronen ein Interferenzmuster erzeugen, das bei Nichtbeobachten für Wellen charakteristisch ist, sich bei Beobachtung jedoch wie Teilchen verhalten.

1.5.2 Das Unschärfeprinzip

Werner Heisenberg formulierte das Unschärfeprinzip, das besagt, dass es unmöglich ist, die genaue Position und den Impuls eines Teilchens gleichzeitig mit absoluter Genauigkeit zu messen. Dieses Prinzip spiegelt die inhärenten Beschränkungen der Messung auf Quantenebene wider und impliziert eine grundlegende Einschränkung unseres Wissens über den Zustand eines Teilchens.

1.5.3 Quantensuperposition

Quantensuperposition ist das Prinzip, dass ein Teilchen gleichzeitig in mehreren Zuständen existieren kann. Dieses Konzept wird durch Schrödingers Gedankenexperiment mit der Katze berühmt illustriert, bei dem eine Katze in einer Kiste gleichzeitig lebendig und tot ist, bis sie beobachtet wird. Superposition ist ein Eckpfeiler der Quantenmechanik und liegt vielen Quantenphänomenen zugrunde.

1.5.4 Quantenverschränkung

Quantenverschränkung beschreibt ein Phänomen, bei dem Teilchen so miteinander korreliert werden, dass der Zustand eines Teilchens den Zustand eines anderen Teilchens unmittelbar beeinflusst, unabhängig von der Entfernung zwischen ihnen. Diese „spukhafte Fernwirkung", wie Einstein sie nannte, wurde experimentell nachgewiesen und hat tiefgreifende Auswirkungen auf die Informationsübertragung und Quanteninformatik.

1.6 Mathematische Formulierung der Quantenmechanik

Die Quantenmechanik verwendet einen mathematischen Formalismus, der sich deutlich von der klassischen Mechanik unterscheidet. Zu den wichtigsten Elementen dieses Formalismus gehören Wellenfunktionen, Operatoren und die Schrödingergleichung.

1.6.1 Wellenfunktionen

In der Quantenmechanik wird der Zustand eines Teilchens durch eine Wellenfunktion beschrieben, die mit dem griechischen Buchstaben psi (ψ) bezeichnet wird. Die Wellenfunktion enthält alle Informationen über das System und ihr quadrierter Betrag stellt die Wahrscheinlichkeitsdichte dar, das Teilchen an einer bestimmten Position zu finden.

1.6.2 Operatoren und Observablen

Physikalische Größen in der Quantenmechanik, wie Position und Impuls, werden durch Operatoren dargestellt. Operatoren wirken auf Wellenfunktionen, um messbare Eigenschaften, sogenannte Observablen, zu extrahieren. Die Eigenwerte eines Operators entsprechen den möglichen Ergebnissen einer Messung.

1.6.3 Die Schrödingergleichung

Die Schrödingergleichung, die 1925 von Erwin Schrödinger formuliert wurde, ist eine grundlegende Gleichung der Quantenmechanik, die beschreibt, wie sich die Wellenfunktion eines Systems im Laufe der Zeit entwickelt. Die zeitunabhängige Schrödingergleichung beschreibt stationäre Zustände mit bestimmten Energien.

1.7 Quantenmechanik und Realität

Die Interpretationen der Quantenmechanik befassen sich mit der Frage, wie sich der mathematische Formalismus auf die physikalische Realität auswirkt. Es wurden mehrere Interpretationen vorgeschlagen, von denen jede eine andere Perspektive auf die Natur der Quantenwelt bietet.

1.7.1 Die Kopenhagener Deutung

Die Kopenhagener Deutung, die von Niels Bohr und Werner Heisenberg entwickelt wurde, ist eine der am weitesten verbreiteten Interpretationen. Sie geht davon aus, dass die Wellenfunktion die Wahrscheinlichkeiten verschiedener Ergebnisse darstellt und dass physikalische Eigenschaften erst dann eindeutig sind, wenn sie gemessen werden. Der Akt der Messung führt dazu, dass die Wellenfunktion zu einem einzigen Ergebnis kollabiert.

1.7.2 Die Viele-Welten-Interpretation

Die Viele-Welten-Interpretation von Hugh Everett geht davon aus, dass alle möglichen Ergebnisse einer Quantenmessung tatsächlich auftreten, jedes in einem separaten, parallelen

Universum. In dieser Sichtweise spaltet sich das Universum kontinuierlich in mehrere Zweige auf, wobei jeder Zweig ein anderes Ergebnis darstellt.

1.7.3 Die Pilotwellentheorie

Die Pilotwellentheorie oder De-Broglie-Bohm-Theorie geht davon aus, dass Teilchen von einer deterministischen Wellenfunktion geleitet werden, die sich gemäß der Schrödinger-Gleichung entwickelt. Diese Interpretation behält den Determinismus der klassischen Mechanik bei, berücksichtigt aber gleichzeitig die wellenartige Natur von Quantenobjekten.

1.8 Quantenmechanik in Technologie und Anwendungen

Die Quantenmechanik hat tiefgreifende Auswirkungen auf die Technologie und hat zu zahlreichen Fortschritten geführt, die sich auf unser tägliches Leben auswirken.

1.8.1 Quantencomputing

Quanteninformatik nutzt die Prinzipien der Superposition und Verschränkung, um Berechnungen durchzuführen, die für klassische Computer nicht durchführbar sind. Quantenbits oder Qubits können im Gegensatz zu klassischen Bits aufgrund der Superposition sowohl 0 als auch 1 gleichzeitig darstellen. Dadurch können Quantencomputer eine große Menge an Informationen parallel verarbeiten und bei bestimmten Problemen eine exponentielle Beschleunigung erzielen.

Quantencomputer versprechen die Lösung komplexer Probleme in der Kryptographie, Optimierung und Simulation von Quantensystemen, die derzeit außerhalb der Reichweite klassischer Computer liegen. Große Technologieunternehmen und Forschungseinrichtungen entwickeln aktiv Quantencomputertechnologien, wobei bei der Erstellung stabiler Qubits und fehlerkorrigierender Codes erhebliche Fortschritte erzielt werden.

1.8.2 Quantenkryptographie

Die Quantenkryptographie, insbesondere die Quantenschlüsselverteilung (QKD), nutzt Prinzipien der Quantenmechanik, um sichere Kommunikationskanäle zu schaffen. QKD stellt sicher, dass jeder Versuch, die Kommunikation abzuhören, erkannt werden kann, da es Störungen in den Quantenzuständen der übertragenen Teilchen verursacht.

Das bekannteste QKD-Protokoll ist das BB84-Protokoll, das von Charles Bennett und Gilles Brassard entwickelt wurde. Die Quantenkryptographie verspricht eine Revolution in der Datensicherheit, da sie theoretisch unknackbare Verschlüsselung bietet.

1.8.3 Quantensensoren

Quantensensoren nutzen die Empfindlichkeit von Quantensystemen, um physikalische Größen mit beispielloser Präzision zu messen. Zu den Anwendungen zählen Atomuhren, die für die GPS-Technologie unverzichtbar sind, und Magnetometer, die winzige Magnetfelder für die medizinische Bildgebung und geologische Erkundung erfassen können.

Quantensensoren werden auch für den Einsatz in Navigationssystemen entwickelt, wo sie eine genaue Positionsbestimmung in Umgebungen ermöglichen, in denen keine GPS-Signale verfügbar sind, beispielsweise unter Wasser oder unter der Erde.

1.8.4 Quantenteleportation

Quantenteleportation ist ein Prozess, bei dem der Quantenzustand eines Teilchens von einem Ort zum anderen übertragen werden kann, ohne dass das Teilchen selbst physisch übertragen werden muss. Dies wird durch Quantenverschränkung und klassische Kommunikation erreicht.

Quantenteleportation wurde experimentell demonstriert und ist eine Schlüsselkomponente bei der Entwicklung von Quantennetzwerken und Kommunikationssystemen.

1.9 Die philosophischen Implikationen der Quantenmechanik

Die Quantenmechanik stellt traditionelle Vorstellungen von Realität und Determinismus in Frage und führt zu tiefgreifenden philosophischen Fragen.

1.9.1 Die Natur der Realität

Die Quantenmechanik geht davon aus, dass Teilchen keine bestimmten Eigenschaften haben, bis sie gemessen werden. Dies führt zu Fragen über die Natur der Realität: Existieren Teilchen in einer Überlagerung von Zuständen oder ist die Realität von der Beobachtung abhängig? Die Kopenhagener Deutung, die davon ausgeht, dass der Akt der Messung die Wellenfunktion auf ein einziges Ergebnis zusammenfallen lässt, legt nahe, dass die Realität grundsätzlich probabilistisch ist.

1.9.2 Determinismus vs. Indeterminismus

Die klassische Mechanik ist deterministisch, das heißt, der zukünftige Zustand eines Systems wird durch seine Anfangsbedingungen bestimmt. Im Gegensatz dazu führt die Quantenmechanik Indeterminismus ein, bei dem nur die Wahrscheinlichkeiten verschiedener Ergebnisse vorhergesagt werden können. Dies wirft Fragen zu Kausalität und freiem Willen auf: Wenn das Universum grundsätzlich unbestimmt ist, was bedeutet das für unsere Fähigkeit, die Zukunft vorherzusagen und zu kontrollieren?

1.9.3 Die Rolle des Beobachters

Die Rolle des Beobachters in der Quantenmechanik ist ein Thema anhaltender Debatten. Das Messproblem, das die Frage beinhaltet, wie und warum die Wellenfunktion kollabiert, bleibt ungelöst. Einige Interpretationen, wie die Viele-Welten-Interpretation, schließen die Notwendigkeit eines Kollapses der Wellenfunktion aus, während andere, wie die Kopenhagener Interpretation, die Rolle des Beobachters betonen.

1.10 Die Zukunft der Quantenmechanik

Die Quantenmechanik ist ein sich ständig weiterentwickelndes Gebiet. Die laufende Forschung zielt darauf ab, unser Verständnis zu vertiefen und ihre Anwendungsmöglichkeiten zu erweitern.

1.10.1 Fortschritte in der Quantentheorie

Forscher erforschen Erweiterungen und Modifikationen der Quantenmechanik, um ungelöste Fragen zu beantworten und neue experimentelle Erkenntnisse zu berücksichtigen. Zu diesen Bemühungen gehören die Entwicklung der Quantenfeldtheorie, die die

Quantenmechanik mit der speziellen Relativitätstheorie kombiniert, und Versuche, eine Theorie der Quantengravitation zu formulieren, die die Quantenmechanik mit der allgemeinen Relativitätstheorie in Einklang bringt.

1.10.2 Quantentechnologien

Die Zukunft der Quantenmechanik liegt nicht nur in theoretischen Fortschritten, sondern auch in technologischen Anwendungen. Quantencomputing, Kryptographie und Sensorik sind sich rasch entwickelnde Bereiche mit dem Potenzial, Branchen von der Cybersicherheit bis zum Gesundheitswesen zu revolutionieren. Da Quantentechnologien praktischer und zugänglicher werden, wird erwartet, dass sie einen transformativen Einfluss auf die Gesellschaft haben werden.

1.10.3 Interdisziplinäre Forschung

Die Quantenmechanik überschneidet sich zunehmend mit anderen Bereichen der Wissenschaft und Technik. Interdisziplinäre Forschungsanstrengungen treiben Innovationen in den Materialwissenschaften, der Chemie, der Biologie und der künstlichen Intelligenz voran. Das Verständnis und die Nutzung von Quantenphänomenen eröffnen neue Möglichkeiten in der wissenschaftlichen Erforschung und technologischen Entwicklung.

Der Übergang von der klassischen zur Quantenmechanik stellt einen der tiefgreifendsten Umbrüche in der Geschichte der Wissenschaft dar. Die klassische Mechanik mit ihren deterministischen Gesetzen und intuitiven Prinzipien bot einen robusten Rahmen für das Verständnis der makroskopischen Welt. Als wir jedoch tiefer in den subatomaren Bereich vordrangen, stießen wir auf Phänomene, die die klassische Mechanik nicht erklären konnte, was zur Entwicklung der Quantenmechanik führte.

Die Quantenmechanik mit ihren Prinzipien des Welle-Teilchen-Dualismus, der Unschärfe, der Überlagerung und der Verschränkung bietet eine grundlegend andere Sicht auf die Natur der Wirklichkeit. Sie hat viele Anomalien aufgelöst und einen kohärenten Rahmen für das Verständnis der mikroskopischen Welt geschaffen. Darüber hinaus hat sie bahnbrechende Technologien hervorgebracht, die unser Leben verändern.

Die philosophischen Implikationen der Quantenmechanik stellen unser Verständnis von Realität, Determinismus und der Rolle des Beobachters in Frage. Da die Forschung in der Quantenmechanik und ihren Anwendungen weiter voranschreitet, werden wir wahrscheinlich noch tiefere Einblicke in die Natur des Universums gewinnen und neue Technologien entwickeln, die die Kraft der Quantenwelt nutzen.

Kapitel 2: Welle-Teilchen-Dualität

2.1 Einleitung

Der Welle-Teilchen-Dualismus ist eines der faszinierendsten und grundlegendsten Konzepte der Quantenmechanik. Er bezieht sich auf die duale Natur von Teilchen wie Elektronen und Photonen, die je nach experimentellem Kontext sowohl wellen- als auch partikelartige Eigenschaften aufweisen. Dieses Konzept stellte die klassische Sicht des Universums in Frage und führte zu einem tieferen Verständnis des Verhaltens subatomarer Teilchen. In diesem Kapitel werden die historische Entwicklung, wichtige Experimente, theoretische Implikationen und moderne Anwendungen des Welle-Teilchen-Dualismus untersucht.

2.2 Historischer Hintergrund

Die Entwicklung des Welle-Teilchen-Dualismus begann mit der Erforschung des Lichts. Jahrhundertelang debattierten Wissenschaftler darüber, ob Licht aus Teilchen oder Wellen besteht. Die Lösung dieser Debatte erforderte die Synthese von Ideen sowohl aus der klassischen Physik als auch aus der frühen Quantentheorie.

2.2.1 Frühe Lichttheorien

Im 17. Jahrhundert entstanden zwei konkurrierende Theorien zur Erklärung der Natur des Lichts. Isaac Newton schlug die Korpuskulartheorie vor, die davon ausging, dass Licht aus kleinen Teilchen besteht, die als Korpuskeln bezeichnet werden. Diese Theorie erklärte Reflexion und Brechung, hatte jedoch Probleme mit Phänomenen wie Beugung und Interferenz.

Christiaan Huygens hingegen schlug die Wellentheorie des Lichts vor, die davon ausging, dass sich Licht wie eine Welle verhält. Huygens' Theorie konnte Beugung und Interferenz erfolgreich erklären, konnte aber den photoelektrischen Effekt und andere später beobachtete partikelähnliche Verhaltensweisen nicht erklären.

2.2.2 Das Doppelspaltexperiment

Thomas Youngs Doppelspaltexperiment im Jahr 1801 lieferte überzeugende Beweise für die Wellennatur des Lichts. Bei Youngs Experiment wurde Licht durch zwei eng beieinander liegende Schlitze gestrahlt und das resultierende Muster auf einem Bildschirm beobachtet. Statt zweier klar unterscheidbarer Linien, die den Schlitzen entsprachen, erzeugte das Experiment ein Interferenzmuster, eine Reihe heller und dunkler Ränder, die für das Wellenverhalten charakteristisch sind. Dieses Experiment festigte die Wellentheorie des Lichts für das nächste Jahrhundert.

2.2.3 Der Photoelektrische Effekt

Das frühe 20. Jahrhundert brachte neue Herausforderungen für die Wellentheorie des Lichts. 1905 erklärte Albert Einstein den photoelektrischen Effekt, eine Beobachtung, bei der Licht, das auf eine Metalloberfläche fällt, Elektronen aus dem Metall herausschlägt. Die klassische Wellentheorie sagte voraus, dass die Energie der herausgeschlagenen Elektronen von der Lichtintensität abhängen würde, aber Experimente zeigten, dass die Energie stattdessen von der Lichtfrequenz abhängt.

Einstein schlug vor, dass Licht aus diskreten Energiepaketen besteht, den sogenannten Photonen, deren Energie proportional zu ihrer Frequenz ist ($E = h\nu$, wobei h die Plancksche Konstante und ν die Frequenz ist). Diese partikelähnliche Beschreibung des Lichts erklärte den photoelektrischen Effekt und brachte Einstein 1921 den Nobelpreis für Physik ein.

2.3 Welle-Teilchen-Dualität in der Quantenmechanik

Das Konzept der Welle-Teilchen-Dualität wurde durch die bahnbrechende Arbeit mehrerer Physiker im frühen 20. Jahrhundert auf Materieteilchen wie Elektronen ausgeweitet.

2.3.1 Louis de Broglies Hypothese

1924 schlug der französische Physiker Louis de Broglie vor, dass Teilchen wie Elektronen wellenartige Eigenschaften aufweisen. Er führte das Konzept der Materiewellen ein und schlug vor, dass jedes Teilchen eine zugehörige Wellenlänge (λ) hat, die durch die de-Broglie-Beziehung gegeben ist:

$$\lambda = \frac{h}{p}$$

wobei h die Plancksche Konstante und p der Impuls des Teilchens ist. De Broglies Hypothese erweiterte die Welle-Teilchen-Dualität über Licht hinaus auf alle Materie und schlug eine universelle Dualität für alle Teilchen vor.

2.3.2 Experimentelle Bestätigung

Die Wellennatur von Elektronen wurde 1927 von Clinton Davisson und Lester Germer experimentell bestätigt. Sie führten ein Experiment durch, bei dem sie einen Elektronenstrahl auf ein kristallines Nickelziel richteten und das resultierende Beugungsmuster beobachteten. Das beobachtete Muster stimmte mit den Vorhersagen der Wellentheorie überein und lieferte starke Beweise für das wellenartige Verhalten von Elektronen.

2.4 Wichtige Experimente zum Nachweis der Welle-Teilchen-Dualität

Mehrere Schlüsselexperimente waren ausschlaggebend für die Demonstration und Erforschung der dualen Natur von Teilchen. Diese Experimente heben die grundlegenden Prinzipien der Quantenmechanik hervor und haben tiefgreifende Auswirkungen auf unser Verständnis der Quantenwelt.

2.4.1 Young'scher Doppelspaltversuch mit Elektronen

In einer modernen Erweiterung von Youngs Doppelspaltexperiment werden Elektronen anstelle von Licht verwendet. Wenn ein Elektronenstrahl durch zwei Schlitze geht und auf einem Bildschirm beobachtet wird, entsteht ein Interferenzmuster, das dem bei Licht beobachteten ähnelt. Dieses Muster weist auf wellenartiges Verhalten hin. Wenn jedoch Detektoren an den Schlitzen angebracht werden, um festzustellen, durch welchen Schlitz jedes Elektron geht, verschwindet das Interferenzmuster und es entsteht ein für Partikel charakteristisches Muster.

Dieses Experiment veranschaulicht das Prinzip der Komplementarität, ein Kernkonzept der Kopenhagener Deutung der Quantenmechanik, das besagt, dass Teilchen je nach Messgerät und Art der durchgeführten Beobachtung Wellen- oder Teilchenverhalten aufweisen.

2.4.2 Das Davisson-Germer-Experiment

Wie bereits erwähnt, lieferte das Davisson-Germer-Experiment von 1927 direkte Beweise für die Wellennatur von Elektronen. Davisson und Germer beobachteten die Beugung von Elektronen an einem Kristallgitter, wodurch ein Interferenzmuster entstand. Das Experiment bestätigte de Broglies Hypothese und zeigte, dass Elektronen wellenartige Eigenschaften aufweisen, wenn sie mit einer periodischen Struktur interagieren.

2.4.3 Der Compton-Effekt

Der Compton-Effekt, der 1923 von Arthur Compton entdeckt wurde, liefert weitere Beweise für die Teilchennatur des Lichts. Compton beobachtete, dass Röntgenstrahlen, die von Elektronen in einem Material gestreut werden, eine Wellenlängenverschiebung aufwiesen, die vom Streuwinkel abhängig war. Diese Verschiebung ließ sich erklären, indem man die Röntgenstrahlen als Teilchen (Photonen) betrachtete, die mit den Elektronen kollidieren und dabei Energie und Impuls übertragen. Der Compton-Effekt untermauerte die Vorstellung des Welle-Teilchen-Dualismus, indem er das partikelartige Verhalten von Licht bei bestimmten Wechselwirkungen demonstrierte.

2.4.4 Elektronenmikroskopie

Die Elektronenmikroskopie ist eine praktische Anwendung der Wellennatur von Elektronen. Elektronenmikroskope verwenden Elektronenstrahlen, um Bilder mit einer viel höheren Auflösung zu erzielen als herkömmliche Lichtmikroskope. Die kürzere Wellenlänge von Elektronen, wie sie durch die De-Broglie-Beziehung vorhergesagt wird, ermöglicht die Visualisierung von Strukturen auf atomarer Ebene. Diese Technologie basiert auf dem wellenartigen Verhalten von Elektronen, um detaillierte Bilder von Materialien und biologischen Proben zu erzeugen.

2.5 Theoretische Implikationen des Welle-Teilchen-Dualismus

Der Welle-Teilchen-Dualismus hat tiefgreifende theoretische Auswirkungen auf unser Verständnis der Quantenwelt. Er stellt klassische Vorstellungen von Determinismus und Lokalität in Frage und führt neue Konzepte ein, die für die Quantenmechanik von grundlegender Bedeutung sind.

2.5.1 Die Heisenbergsche Unschärferelation

Die Heisenbergsche Unschärferelation, die Werner Heisenberg 1927 formulierte, ist eine direkte Folge des Welle-Teilchen-Dualismus. Das Prinzip besagt, dass es unmöglich ist, die genaue Position und den Impuls eines Teilchens gleichzeitig mit beliebiger Genauigkeit zu messen. Mathematisch ausgedrückt wird es wie folgt ausgedrückt:

$$\Delta x \cdot \Delta p \geq \frac{\hbar}{2}$$

wobei Δx die Unsicherheit der Position, Δp die Unsicherheit des Impulses und $\hbar$ die reduzierte Planck-Konstante ist. Dieses Prinzip spiegelt die inhärenten Einschränkungen wider, die durch die wellenartige Natur der Teilchen entstehen, da die Messung einer Eigenschaft zwangsläufig die andere stört.

2.5.2 Die Schrödingergleichung

Die Wellennatur von Teilchen wird in der Schrödingergleichung zusammengefasst, die Erwin Schrödinger 1925 formulierte. Die Schrödingergleichung beschreibt, wie sich die Wellenfunktion eines Quantensystems im Laufe der Zeit entwickelt. Für ein nichtrelativistisches Teilchen in einer Dimension lautet die zeitabhängige Schrödingergleichung:

$$i\hbar \frac{\partial \psi(x,t)}{\partial t} = -\frac{\hbar^2}{2m} \frac{\partial^2 \psi(x,t)}{\partial x^2} + V(x)\psi(x,t)$$

Die Wellenfunktion ψ enthält alle Informationen über das Quantensystem und ihr quadrierter Betrag $|\psi|^2$ stellt die Wahrscheinlichkeitsdichte dar, das Teilchen an einem bestimmten Ort und zu einer bestimmten Zeit zu finden.

2.5.3 Das Superpositionsprinzip

Das Superpositionsprinzip ist ein weiteres grundlegendes Konzept, das sich aus dem Welle-Teilchen-Dualismus ergibt. Es besagt, dass ein Quantensystem in mehreren Zuständen gleichzeitig existieren kann und der Gesamtzustand des Systems durch eine lineare Kombination (Superposition) dieser Zustände beschrieben wird. Beispielsweise kann ein Elektron in einer Superposition von Spin-up- und Spin-down-Zuständen existieren.

Superposition ist entscheidend für das Verständnis vieler Quantenphänomene, darunter Interferenzmuster und Quantenverschränkung.

Sie bildet auch die Grundlage für die Funktionsweise von Quantencomputern, bei denen Qubits in Superpositionen von 0 und 1 existieren können, was parallele Berechnungen ermöglicht.

2.5.4 Quanteninterferenz

Quanteninterferenz ist eine direkte Folge der Wellennatur von Teilchen. Wenn sich zwei oder mehr Quantenzustände überlappen, können ihre Wellenfunktionen konstruktiv oder destruktiv interferieren, was zu beobachtbaren Interferenzmustern führt. Dieses Phänomen ist für viele Quantenexperimente und -technologien von zentraler Bedeutung, darunter das Doppelspaltexperiment und Quantencomputer.

2.6 Anwendungen des Welle-Teilchen-Dualismus

Die Welle-Teilchen-Dualität hat zu zahlreichen technologischen Fortschritten und Anwendungen in verschiedensten Bereichen geführt, von der Bildgebung und Mikroskopie bis hin zur Informatik und Kryptographie.

2.6.1 Elektronenmikroskopie

Wie bereits erwähnt, nutzt die Elektronenmikroskopie die Wellennatur von Elektronen, um hochauflösende Bilder zu erzielen. Es gibt zwei Haupttypen von Elektronenmikroskopen: Transmissionselektronenmikroskope (TEM) und Rasterelektronenmikroskope (SEM).

- **Transmissionselektronenmikroskopie (TEM)**: Bei der TEM wird ein Elektronenstrahl durch eine dünne Probe geleitet und das resultierende Bild entsteht durch die Wechselwirkung der Elektronen mit der Probe. Die TEM kann Auflösungen im atomaren Maßstab erreichen, was sie für die Untersuchung der detaillierten Struktur von Materialien, einschließlich biologischer Proben wie Viren und Zellorganellen, von unschätzbarem Wert macht.

- **Rasterelektronenmikroskopie (REM)**: Bei der REM tastet ein Elektronenstrahl die Oberfläche einer Probe ab, und das resultierende Bild wird durch die Erfassung der von der Oberfläche emittierten Sekundärelektronen erzeugt. Die REM liefert detaillierte dreidimensionale Bilder der Oberflächentopographie der Probe und wird häufig in der Materialwissenschaft, Biologie und in industriellen Anwendungen eingesetzt.

2.6.2 Quantencomputing

Quantencomputer nutzen den Welle-Teilchen-Dualismus und das Prinzip der Überlagerung, um Berechnungen auf eine Weise durchzuführen, die klassischen Computern nicht möglich ist. In einem Quantencomputer können Qubits in Überlagerungszuständen existieren, wodurch sie mehrere Möglichkeiten gleichzeitig verarbeiten können. Diese Parallelität kann komplexe Probleme potenziell viel schneller lösen als klassische Computer.

Quantenalgorithmen wie Shors Algorithmus zur Faktorisierung großer Zahlen und Grovers Algorithmus zur Suche in unsortierten Datenbanken zeigen, dass Quantencomputer das Potenzial haben, Bereiche wie Kryptographie, Optimierung und Arzneimittelforschung zu revolutionieren. Unternehmen und Forschungseinrichtungen entwickeln derzeit aktiv Quantencomputer, und obwohl sich praktische Quantencomputer im großen Maßstab noch in der Entwicklung befinden, sind die bisherigen Fortschritte vielversprechend.

2.6.3 Quantenkryptographie

Die Quantenkryptographie, insbesondere die Quantenschlüsselverteilung (QKD), nutzt die Prinzipien der Welle-Teilchen-Dualität, um sichere Kommunikationskanäle zu schaffen. QKD nutzt die Quanteneigenschaften von Teilchen, um kryptografische Schlüssel zu erzeugen und zu teilen. Das bekannteste QKD-

Protokoll ist BB84, entwickelt von Charles Bennett und Gilles Brassard.

Bei QKD wird die Sicherheit der Kommunikation durch die Prinzipien der Quantenmechanik gewährleistet. Jeder Versuch, den Schlüsselverteilungsprozess abzuhören, stört die Quantenzustände der Teilchen und enthüllt so die Anwesenheit des Lauschers. Dies macht QKD theoretisch unknackbar und äußerst attraktiv für die Sicherung sensibler Informationen.

2.6.4 Interferenz- und Beugungstechniken

Interferenz- und Beugungstechniken, die auf dem Welle-Teilchen-Dualismus basieren, werden in der wissenschaftlichen Forschung und in industriellen Anwendungen häufig eingesetzt. Zu diesen Techniken gehören Röntgenbeugung (XRD), Neutronenbeugung und Elektronenbeugung, die zur Bestimmung der atomaren und molekularen Strukturen von Materialien eingesetzt werden.

- **Röntgenbeugung (XRD)**: XRD wird verwendet, um die Kristallstruktur von Materialien zu untersuchen. Wenn Röntgenstrahlen auf ein kristallines Material gerichtet werden, werden sie in bestimmte Richtungen gebeugt. Durch die Analyse des Beugungsmusters können Wissenschaftler die Anordnung der Atome innerhalb des Kristalls bestimmen.

- **Neutronenbeugung**: Ähnlich wie bei XRD werden bei der Neutronenbeugung Neutronen anstelle von Röntgenstrahlen verwendet. Neutronen interagieren anders mit Materie, weshalb die Neutronenbeugung besonders nützlich ist, um die Positionen leichter Atome, wie etwa Wasserstoff, in Materialien zu untersuchen.

- **Elektronenbeugung**: Elektronenbeugungstechniken wie Selected Area Electron Diffraction (SAED) werden in der Elektronenmikroskopie verwendet, um

Informationen über die Kristallstruktur von Materialien im Nanomaßstab zu erhalten.

2.6.5 Quantensensoren

Quantensensoren nutzen die Empfindlichkeit von Quantenzuständen gegenüber äußeren Einflüssen, um hochpräzise Messungen zu erreichen. Beispiele für Quantensensoren sind Atomuhren, die die Quantenübergänge von Atomen nutzen, um die Zeit mit äußerster Genauigkeit zu messen, und Magnetometer, die winzige Magnetfelder für Anwendungen in der medizinischen Bildgebung (wie MRT) und geologischen Erkundung erkennen.

Atomuhren, die auf den präzisen Schwingungen von Atomen wie Cäsium oder Rubidium basieren, sind für GPS-Systeme und die Zeitmessung in der wissenschaftlichen Forschung von entscheidender Bedeutung. Die Präzision dieser Uhren beruht auf den wellenartigen Eigenschaften der Atome und ihren Wechselwirkungen mit elektromagnetischen Feldern.

2.7 Philosophische Implikationen des Welle-Teilchen-Dualismus

Der Welle-Teilchen-Dualismus hat tiefgreifende philosophische Implikationen und stellt unser Verständnis von Realität, Determinismus und der Natur der Beobachtung in der Quantenwelt in Frage.

2.7.1 Die Natur der Wirklichkeit

Der Welle-Teilchen-Dualismus legt nahe, dass Teilchen keine bestimmten Eigenschaften haben, bis sie gemessen werden. Dies wirft Fragen über die Natur der Realität auf und darüber, ob sie unabhängig von Beobachtungen ist. Die Kopenhagener Deutung geht davon aus, dass der Akt der Messung die Wellenfunktion auf ein einziges Ergebnis zusammenfallen lässt, was bedeutet, dass die Realität grundsätzlich probabilistisch und von Beobachtungen abhängig ist.

Andere Interpretationen, wie die Viele-Welten-Interpretation, gehen davon aus, dass alle möglichen Ergebnisse einer Quantenmessung in parallelen Universen auftreten, von denen jedes einen anderen Zweig der Realität darstellt. Diese Ansicht schließt die Notwendigkeit eines Kollapses der Wellenfunktion aus, führt aber das Konzept eines Multiversums ein, in dem jedes mögliche Quantenereignis ein neues Universum schafft.

2.7.2 Determinismus vs. Indeterminismus

Die klassische Physik ist deterministisch, das heißt, der zukünftige Zustand eines Systems wird durch seine Anfangsbedingungen bestimmt. Im Gegensatz dazu führt die Quantenmechanik den Indeterminismus ein, bei dem nur die Wahrscheinlichkeiten verschiedener Ergebnisse vorhergesagt werden können. Dieser Wandel stellt unser Verständnis von Kausalität in Frage und wirft Fragen zur Vorhersagbarkeit des Universums auf.

Die Quantenmechanik geht davon aus, dass die Natur auf einer fundamentalen Ebene eher von Wahrscheinlichkeiten als von Gewissheiten bestimmt wird. Dies hat Auswirkungen auf unser Verständnis des freien Willens und der Natur wissenschaftlicher Gesetze, da es darauf schließen lässt, dass nicht alles im Universum vorhersehbar oder vorbestimmt ist.

2.7.3 Die Rolle des Beobachters

Die Rolle des Beobachters in der Quantenmechanik ist ein Thema, das immer wieder diskutiert wird. Das Messproblem, also die Frage, wie und warum die Wellenfunktion kollabiert, ist noch immer ungelöst. Die Kopenhagener Deutung betont die Rolle des Beobachters bei der Bestimmung des Ergebnisses einer Quantenmessung, während andere Interpretationen, wie etwa die Dekohärenztheorie, den Kollaps der

Wellenfunktion ohne die Hinzuziehung eines Beobachters zu erklären versuchen.

Die Dekohärenztheorie geht davon aus, dass die Wechselwirkung eines Quantensystems mit seiner Umgebung zum scheinbaren Kollaps der Wellenfunktion führt, da das System mit der Umgebung verschränkt wird. Diese Sichtweise macht einen bewussten Beobachter überflüssig, löst das Messproblem jedoch nicht vollständig.

2.8 Zukünftige Richtungen in der Welle-Teilchen-Dualitätsforschung

Der Welle-Teilchen-Dualismus bleibt weiterhin ein Bereich aktiver Forschung und es werden fortlaufend Anstrengungen unternommen, unser Verständnis zu vertiefen und neue Anwendungen zu erkunden.

2.8.1 Quantenfeldtheorie

Die Quantenfeldtheorie (QFT) erweitert die Prinzipien des Welle-Teilchen-Dualismus auf

Felder und behandelt Teilchen als Anregungen zugrunde liegender Felder. Die QFT verbindet die Quantenmechanik mit der speziellen Relativitätstheorie und bietet den Rahmen für das Verständnis der fundamentalen Kräfte der Natur, einschließlich Elektromagnetismus, der schwachen und starken Kernkräfte und der Gravitation (im Rahmen der Versuche, eine Theorie der Quantengravitation zu entwickeln).

Die Quantenfeldtheorie hat zur Entwicklung des Standardmodells der Teilchenphysik geführt, das die Wechselwirkungen von Elementarteilchen beschreibt und mit hoher Präzision experimentell bestätigt wurde. Die laufende Forschung in der Quantenfeldtheorie zielt darauf ab, die fundamentalen Kräfte zu vereinheitlichen und ungelöste Fragen zu beantworten, wie etwa die Natur der dunklen Materie und den Mechanismus der Massenerzeugung.

2.8.2 Quanteninformationstheorie

Die Quanteninformationstheorie untersucht die Auswirkungen des Welle-Teilchen-Dualismus auf die Informationsverarbeitung und -kommunikation. Sie bildet die theoretische Grundlage für Quantencomputer, Quantenkryptographie und Quantenteleportation. Forscher entwickeln neue Quantenalgorithmen, Fehlerkorrekturcodes und Protokolle für Quantenkommunikationsnetzwerke.

Die Quanteninformationstheorie untersucht auch grundlegende Fragen zur Natur der Information, zur Entropie und zu den Grenzen der Berechnung. Sie hat Auswirkungen auf unser Verständnis von Schwarzen Löchern, der Thermodynamik und dem Zeitpfeil.

2.8.3 Experimentelle Fortschritte

Fortschritte bei experimentellen Techniken führen zu neuen Entdeckungen im Welle-Teilchen-Dualismus. Forscher entwickeln präzisere und ausgefeiltere Methoden zur

Manipulation und Messung von Quantensystemen, darunter ultrakalte Atome, gefangene Ionen und supraleitende Qubits.

Diese Fortschritte ermöglichen die Erforschung neuer Quantenphänomene und die Entwicklung neuartiger Technologien. Forscher untersuchen beispielsweise das Potenzial topologischer Qubits für fehlertolerantes Quantencomputing und erforschen den Einsatz von Quantensensoren zur Erkennung von Gravitationswellen und anderen astrophysikalischen Phänomenen.

2.8.4 Interdisziplinäre Forschung

Der Welle-Teilchen-Dualismus überschneidet sich zunehmend mit anderen Bereichen der Wissenschaft und Technik. Interdisziplinäre Forschungsanstrengungen treiben Innovationen in den Materialwissenschaften, der Chemie, der Biologie und der künstlichen Intelligenz voran. Das Verständnis und die Nutzung von Quantenphänomenen eröffnen neue

Möglichkeiten in der wissenschaftlichen Erforschung und technologischen Entwicklung.

Forscher untersuchen beispielsweise die Rolle von Quantenkohärenz und Quantenverschränkung bei biologischen Prozessen wie Photosynthese und Enzymkatalyse. Diese Studien könnten zu neuen Erkenntnissen über die Mechanismen des Lebens und zur Entwicklung biologisch inspirierter Quantentechnologien führen.

Der Welle-Teilchen-Dualitätsbegriff ist ein Eckpfeiler der Quantenmechanik und beschreibt die duale Natur von Teilchen, die sowohl wellen- als auch teilchenartige Eigenschaften aufweisen. Dieses Konzept hat unser Verständnis der Quantenwelt verändert und zu zahlreichen technologischen Fortschritten und Anwendungen geführt.

Von den frühen Debatten über die Natur des Lichts bis hin zur Entwicklung der Quantentheorie und ihrer modernen

Anwendungen hat der Welle-Teilchen-Dualismus unsere klassischen Intuitionen in Frage gestellt und neue Wege der Forschung und Innovation eröffnet. Er hat tiefgreifende Auswirkungen auf unser Verständnis von Realität, Determinismus und der Natur der Beobachtung.

Da die Forschung in der Quantenmechanik und ihren Anwendungen immer weiter fortschreitet, werden wir wahrscheinlich noch tiefere Einblicke in die Natur des Universums gewinnen und neue Technologien entwickeln, die die Kraft der Quantenwelt nutzen. Der Welle-Teilchen-Dualismus wird ein zentrales Thema in unserem Bestreben bleiben, die grundlegenden Prinzipien der Natur zu verstehen und zu erforschen.

Kapitel 3: Das Unschärfeprinzip

3.1 Einleitung

Das Unschärfeprinzip, das Werner Heisenberg 1927 formulierte, ist eines der tiefgreifendsten und einflussreichsten Konzepte der Quantenmechanik. Es stellt unser klassisches Verständnis von Messung und Determinismus grundlegend in Frage, indem es besagt, dass bestimmte Paare physikalischer Eigenschaften, wie Position und Impuls, nicht gleichzeitig genau bekannt sein können. Dieses Prinzip hat weitreichende Auswirkungen auf unser Verständnis der Quantenwelt, der Natur der Realität und der Grenzen wissenschaftlicher Erkenntnisse. In diesem Kapitel werden wir die Ursprünge, die mathematische Formulierung, die experimentelle Überprüfung und die philosophischen Auswirkungen des Unschärfeprinzips untersuchen. Wir werden auch seine Anwendungen in verschiedenen

Bereichen und seine Rolle bei der Gestaltung der modernen Physik diskutieren.

3.2 Historischer Hintergrund

Das Unschärfeprinzip entstand aus den frühen Entwicklungen der Quantentheorie und dem Streben, das Verhalten subatomarer Teilchen zu verstehen.

3.2.1 Das klassische Paradigma

Die klassische Physik, die das wissenschaftliche Denken bis zum frühen 20. Jahrhundert dominierte, basiert auf den Prinzipien des Determinismus und der präzisen Messung. Der klassischen Mechanik zufolge kann das zukünftige Verhalten eines Systems mit Sicherheit vorhergesagt werden, wenn die Anfangsbedingungen eines Systems (wie die Positionen und Geschwindigkeiten aller Teilchen) bekannt sind. Diese deterministische Sichtweise wurde durch die Arbeit von Isaac Newton verkörpert und später von

Wissenschaftlern wie Pierre-Simon Laplace erweitert, der bekanntlich vorschlug, dass ein Intellekt, der die Positionen und Geschwindigkeiten aller Teilchen im Universum kennt, die Zukunft mit absoluter Sicherheit vorhersagen könnte.

3.2.2 Frühe Quantenmechanik

Das Aufkommen der Quantenmechanik im frühen 20. Jahrhundert begann, das klassische Paradigma in Frage zu stellen. Max Plancks Einführung der Quantenhypothese im Jahr 1900 und Albert Einsteins Erklärung des photoelektrischen Effekts im Jahr 1905 zeigten, dass Energie quantisiert ist und dass Licht sowohl wellenartige als auch partikelartige Eigenschaften aufweist. Niels Bohrs Atommodell, das 1913 entwickelt wurde, beinhaltete quantisierte Energieniveaus zur Erklärung atomarer Spektren.

Diese Entwicklungen legten den Grundstein für ein neues Verständnis der Mikrowelt, warfen aber auch Fragen über die Natur von Messungen und Beobachtungen auf. Die klassische Physik konnte Phänomene wie die atomare Stabilität und die in Spektren beobachteten diskreten Energieniveaus nicht ausreichend erklären.

3.3 Heisenbergs Formulierung des Unschärfeprinzips

Werner Heisenberg, eine Schlüsselfigur in der Entwicklung der Quantenmechanik, ging auf diese Fragen ein, indem er die Unschärferelation formulierte.

3.3.1 Heisenbergsche Matrizenmechanik

1925 entwickelte Heisenberg die Matrizenmechanik, eine der ersten vollständigen Formulierungen der Quantenmechanik. Anstatt Teilchen mit präzisen Flugbahnen zu beschreiben wie in der klassischen Mechanik, verwendete Heisenbergs Ansatz Matrizen, um physikalische Größen wie Position und Impuls darzustellen. Dieser neue Rahmen betonte die Wahrscheinlichkeitsnatur von Quantensystemen.

3.3.2 Das Unschärfeprinzip

1927 formulierte Heisenberg das Unschärfeprinzip, das mathematisch die inhärenten Einschränkungen bei der gleichzeitigen Messung bestimmter Paare komplementärer Variablen ausdrückt. Die bekannteste Form des Unschärfeprinzips bezieht sich auf Position (x) und Impuls (p):

$$\Delta x \cdot \Delta p \geq \frac{\hbar}{2}$$

wobei Δx die Unsicherheit der Position, Δp die Unsicherheit des Impulses und $\hbar$ (h-bar) die reduzierte Planck-Konstante und $\hbar = \frac{h}{2\pi}$ ist.

Diese Ungleichung besagt, dass je genauer man eine Größe kennt, desto ungenauer kann man die andere kennen. Wenn beispielsweise die Position eines Teilchens mit hoher Genauigkeit gemessen wird (\(\Delta x \) ist klein), muss die Unsicherheit in seinem Impuls (\(\Delta p \)) groß sein und umgekehrt.

3.4 Mathematische Grundlagen

Das Unschärfeprinzip ergibt sich auf natürliche Weise aus dem mathematischen Rahmen der Quantenmechanik, insbesondere aus den Eigenschaften der Wellenfunktionen und den Operatoren, die physikalische Observablen darstellen.

3.4.1 Wellenfunktionen und Operatoren

In der Quantenmechanik wird der Zustand eines Teilchens durch eine Wellenfunktion \(\psi(x, t) \) beschrieben, die alle Informationen über das System enthält. Die Wellenfunktion ist eine komplexwertige Funktion von Position (x) und

Zeit (t), und ihr quadrierter Betrag $|\psi(x, t)|^2$ stellt die Wahrscheinlichkeitsdichte dar, das Teilchen zur Zeit t an Position x zu finden.

Physikalische Observablen wie Position und Impuls werden durch Operatoren dargestellt, die auf die Wellenfunktion einwirken. Der Positionsoperator $\hat{x}$ wirkt, indem er die Wellenfunktion mit x multipliziert:

$$\hat{x}\psi(x) = x\psi(x)$$

Der Impulsoperator $\hat{p}$ in einer Dimension ist gegeben durch:

$$\hat{p} = -i\hbar \frac{\partial}{\partial x}$$

wobei i die imaginäre Einheit ist.

3.4.2 Kommutationsrelationen

Das Unschärfeprinzip ist eng mit der Kommutationsrelation zwischen den Positions- und Impulsoperatoren verwandt. Der Kommutator zweier Operatoren $\hat{A}$ und $\hat{B}$ wird wie folgt definiert:

$$[\hat{A}, \hat{B}] = \hat{A}\hat{B} - \hat{B}\hat{A}$$

Für die Positions- und Impulsoperatoren lautet die Kommutationsrelation:

$$[\hat{x}, \hat{p}] = i\hbar$$

Diese von Null verschiedene Kommutationsrelation impliziert, dass Position und Impuls nicht gleichzeitig mit beliebiger

Genauigkeit bekannt sein können, was zum Unschärfeprinzip führt.

3.4.3 Beweis des Unschärfeprinzips

Das Unschärfeprinzip kann mathematisch aus den Eigenschaften von Wellenfunktionen und Operatoren abgeleitet werden. Ein gängiger Ansatz besteht in der Verwendung der Cauchy-Schwarz-Ungleichung, einem grundlegenden Ergebnis der linearen Algebra und der Funktionalanalyse.

Betrachten Sie zwei normalisierte Wellenfunktionen. Die Cauchy-Schwarz-Ungleichung besagt:

$$|\langle \psi | \phi \rangle|^2 \leq \langle \psi | \psi \rangle \cdot \langle \phi | \phi \rangle$$

Für die Wellenfunktionen, die Position und Impuls entsprechen, definieren wir:

$$\hat{\psi}_x = x\psi$$

Die Cauchy-Schwarz-Ungleichung ergibt dann:

$$|\langle\psi|\hat{p}\psi\rangle|^2 \leq \langle\psi|\hat{x}^2\psi\rangle \cdot \langle\psi|\hat{p}^2\psi\rangle$$

Diese Ungleichung, kombiniert mit der Kommutationsrelation $[\hat{x}, \hat{p}] = i\hbar$, führt zur formalen Herleitung des Unschärfeprinzips.

3.5 Experimentelle Verifizierung

Das Unschärfeprinzip wurde durch zahlreiche Experimente bestätigt, die die Grenzen der gleichzeitigen Messung komplementärer Variablen veranschaulichen.

3.5.1 Elektronenbeugung

Elektronenbeugungsexperimente, wie sie Davisson und Germer 1927 durchführten, liefern Beweise für die Wellennatur von Elektronen und die Grenzen der gleichzeitigen Messung ihrer Position und ihres Impulses. Wenn Elektronen einen Kristall durchqueren, bilden sie ein für Wellen charakteristisches Interferenzmuster. Die Genauigkeit des Beugungsmusters hängt direkt mit der Unsicherheit des Elektronenimpulses zusammen.

3.5.2 Einzelphotonenexperimente

Experimente mit einzelnen Photonen, wie etwa solche mit Doppelspaltaufbauten, demonstrieren ebenfalls das Unschärfeprinzip. Wenn einzelne Photonen durch einen Doppelspalt geschickt werden, erzeugen sie ein Interferenzmuster auf dem Detektionsschirm. Wenn der Weg der Photonen gemessen wird, um zu bestimmen, durch welchen Spalt sie gehen, verschwindet das Interferenzmuster und veranschaulicht den

Kompromiss zwischen Positions- und Impulsinformationen.

3.5.3 Heisenberg-Mikroskop

Heisenberg schlug ein Gedankenexperiment vor, das als Heisenberg-Mikroskop bekannt ist, um das Unschärfeprinzip zu veranschaulichen. In diesem Gedankenexperiment wird ein Gammastrahlenmikroskop verwendet, um ein Elektron zu beobachten. Je höher die Auflösung des Mikroskops (erreicht durch die Verwendung von Gammastrahlen mit kürzerer Wellenlänge), desto größer ist die Unsicherheit im Impuls des Elektrons aufgrund des Rückstoßeffekts der Gammastrahlenphotonen. Dieses Gedankenexperiment demonstriert die inhärenten Einschränkungen der Messung, die das Unschärfeprinzip mit sich bringt.

3.6 Philosophische Implikationen

Das Unschärfeprinzip hat tiefgreifende philosophische Implikationen und stellt klassische Vorstellungen von Determinismus, Realität und der Rolle des Beobachters in Frage.

3.6.1 Determinismus und Indeterminismus

Die klassische Physik ist deterministisch, was bedeutet, dass der zukünftige Zustand eines Systems aus seinen Anfangsbedingungen präzise vorhergesagt werden kann. Das Unschärfeprinzip führt Indeterminismus auf der grundlegenden Ebene der Quantenmechanik ein und legt nahe, dass nur Wahrscheinlichkeiten verschiedener Ergebnisse vorhergesagt werden können. Dieser Wechsel vom Determinismus zum Indeterminismus hat erhebliche Auswirkungen auf unser Verständnis von Kausalität und der Natur wissenschaftlicher Gesetze.

3.6.2 Die Natur der Wirklichkeit

Das Unschärfeprinzip wirft Fragen über die Natur der Realität auf und darüber, ob sie unabhängig von Beobachtungen ist. Nach der

Kopenhagener Deutung stellt die Wellenfunktion die Wahrscheinlichkeiten verschiedener Ergebnisse dar, und durch die Messung wird die Wellenfunktion auf ein einziges Ergebnis reduziert. Dies impliziert, dass die Realität grundsätzlich probabilistisch und von Beobachtungen abhängig ist.

Andere Interpretationen der Quantenmechanik, wie etwa die Viele-Welten-Interpretation, gehen davon aus, dass alle möglichen Ergebnisse einer Quantenmessung in parallelen Universen auftreten, von denen jedes einen anderen Zweig der Realität darstellt. Diese Sichtweise schließt die Notwendigkeit eines Kollapses der Wellenfunktion aus, führt aber das Konzept eines Multiversums ein.

3.6.3 Die Rolle des Beobachters

Die Rolle des Beobachters in der Quantenmechanik ist ein Thema, das immer wieder diskutiert wird. Das Messproblem beinhaltet die Frage, wie und warum die

Wellenfunktion während der Messung zusammenbricht. Die Kopenhagener Deutung geht davon aus, dass der Akt der Messung durch einen Beobachter den Zusammenbruch der Wellenfunktion verursacht, was darauf hindeutet, dass der Beobachter eine entscheidende Rolle bei der Bestimmung des Ergebnisses eines Quantenereignisses spielt. Dies hat zu philosophischen Diskussionen über die Natur des Bewusstseins und seine Verbindung zur physischen Welt geführt.

Im Gegensatz dazu bietet die Dekohärenztheorie eine alternative Erklärung, die keinen bewussten Beobachter erfordert. Nach der Dekohärenztheorie verursacht die Wechselwirkung eines Quantensystems mit seiner Umgebung den scheinbaren Kollaps der Wellenfunktion. Diese Wechselwirkung führt zur Verschränkung des Quantensystems mit seiner Umgebung, was zum Verlust der Kohärenz zwischen den verschiedenen möglichen Zuständen führt. Die Dekohärenz bietet einen Mechanismus für den Übergang von

Quantenwahrscheinlichkeiten zu klassischen Gewissheiten, löst das Messproblem jedoch nicht vollständig.

3.7 Die Heisenbergsche Unschärferelation in der modernen Physik

Das Unschärfeprinzip ist ein Eckpfeiler der modernen Physik, beeinflusst zahlreiche Bereiche und führt zu zahlreichen technologischen Fortschritten.

3.7.1 Quantenfeldtheorie

Die Quantenfeldtheorie (QFT) erweitert die Prinzipien der Quantenmechanik auf Felder und beschreibt Teilchen als Anregungen zugrunde liegender Felder. Das Unschärfeprinzip spielt in der QFT eine entscheidende Rolle, da es das Verhalten von Feldern und Teilchen auf Quantenebene beeinflusst. In der QFT werden die Unsicherheiten von Position und Impuls von Teilchen auf Unsicherheiten von Feldwerten und deren Änderungsraten ausgedehnt.

QFT liefert den Rahmen für das Standardmodell der Teilchenphysik, das die Wechselwirkungen von Elementarteilchen und Kräften beschreibt. Das Unschärfeprinzip ist von wesentlicher Bedeutung für das Verständnis von Phänomenen wie der Entstehung und Vernichtung von Teilchen, Vakuumfluktuationen und dem Verhalten von Teilchen bei Kollisionen mit hoher Energie.

3.7.2 Quantenelektrodynamik

Die Quantenelektrodynamik (QED) ist die Quantenfeldtheorie der elektromagnetischen Kraft, die die Wechselwirkungen zwischen geladenen Teilchen und Photonen beschreibt. Das Unschärfeprinzip ist grundlegend für die QED und beeinflusst Prozesse wie die Emission und Absorption von Photonen, die Streuung von Teilchen und das Verhalten virtueller Teilchen in Quantenschleifen.

Die QED war unglaublich erfolgreich bei der hochpräzisen Vorhersage experimenteller Ergebnisse, wie beispielsweise des anomalen magnetischen Moments des Elektrons und der Lamb-Verschiebung in Wasserstoff. Diese Erfolge unterstreichen die Bedeutung des Unschärfeprinzips bei der genauen Beschreibung von Quantenphänomenen.

3.7.3 Quantenchromodynamik

Die Quantenchromodynamik (QCD) ist die Quantenfeldtheorie der starken Kernkraft, die die Wechselwirkungen zwischen Quarks und Gluonen beschreibt. Das Unschärfeprinzip ist entscheidend für das Verständnis der Einschließung von Quarks in Protonen, Neutronen und anderen Hadronen. Das Prinzip besagt, dass Quarks nicht isoliert werden können und aufgrund der zunehmenden Stärke der starken Kraft bei kurzen Entfernungen immer in größeren Teilchen eingeschlossen sind.

Das Unschärfeprinzip spielt auch eine Rolle beim Verhalten von Quark-Gluon-Plasma, einem Materiezustand, der kurz nach dem Urknall existierte und in hochenergetischen Teilchenkollisionen nachgebildet werden kann. Um diese Phänomene zu verstehen, ist ein tiefes Verständnis der Unschärfen in den Positionen und Impulsen von Quarks und Gluonen erforderlich.

3.8 Technologische Anwendungen

Das Unschärfeprinzip hat zur Entwicklung zahlreicher Technologien geführt, die die einzigartigen Eigenschaften von Quantensystemen nutzen.

3.8.1 Rastertunnelmikroskopie

Die Rastertunnelmikroskopie (STM) ist eine leistungsstarke Technik zur Abbildung von Oberflächen auf atomarer Ebene. STM nutzt das quantenmechanische Tunneln von Elektronen zwischen einer scharfen Spitze und der zu untersuchenden Oberfläche. Das Unschärfeprinzip spielt beim Tunnelprozess eine entscheidende Rolle, da die genaue Position und der Impuls der Elektronen nicht gleichzeitig bestimmt werden können. Durch Messung des Tunnelstroms kann STM hochauflösende Bilder der Oberflächentopographie und der elektronischen Eigenschaften von Materialien erzeugen.

3.8.2 Quantenkryptographie

Die Quantenkryptographie, insbesondere die Quantenschlüsselverteilung (QKD), nutzt das Unschärfeprinzip, um sichere Kommunikationskanäle zu schaffen. QKD-Protokolle wie BB84 verwenden die Quanteneigenschaften von Teilchen, um kryptografische Schlüssel zu generieren und zu teilen. Das Unschärfeprinzip stellt sicher, dass jeder Versuch, den Schlüsselverteilungsprozess abzuhören, die Quantenzustände stört, wodurch die Anwesenheit des Lauschers aufgedeckt und die Sicherheit der Kommunikation gewährleistet wird.

3.8.3 Quantencomputing

Quantencomputing basiert auf den Prinzipien der Quantenmechanik, einschließlich des Unschärfeprinzips, um Berechnungen auf eine Weise durchzuführen, die klassischen Computern nicht möglich ist. Qubits, die grundlegenden Einheiten der Quanteninformation, können in Überlagerungen von Zuständen existieren, wodurch Quantencomputer mehrere Möglichkeiten gleichzeitig verarbeiten können. Das Unschärfeprinzip beeinflusst das Verhalten von Qubits und beeinträchtigt ihre Kohärenz und die Genauigkeit von Quantenberechnungen.

Quantenalgorithmen wie Shors Algorithmus zur Faktorisierung großer Zahlen und Grovers Algorithmus zur Suche in unsortierten Datenbanken demonstrieren das Potenzial des Quantencomputings zur Lösung von Problemen, die für klassische Computer unlösbar sind. Laufende Forschungen zielen auf die Entwicklung praktischer Quantencomputer im großen Maßstab ab, die Bereiche wie Kryptographie, Optimierung und Materialwissenschaften revolutionieren können.

3.9 Experimentelle Fortschritte und Herausforderungen

Durch experimentelle Fortschritte werden die Auswirkungen des Unschärfeprinzips immer weiter erforscht und die Grenzen unseres Verständnisses erweitert.

3.9.1 Ultrakalte Atome

Experimente mit ultrakalten Atomen, wie sie in Bose-Einstein-Kondensaten (BECs) durchgeführt werden, bieten einzigartige Möglichkeiten, Quantenphänomene auf makroskopischer Ebene zu untersuchen. Durch das Abkühlen von Atomen bis nahe an den absoluten Nullpunkt können Forscher die

Auswirkungen des Unschärfeprinzips auf das kollektive Verhalten von Teilchen beobachten. Diese Experimente haben zu Erkenntnissen über Quantenkohärenz, Suprafluidität und den Übergang zwischen klassischen und Quantenregimen geführt.

3.9.2 Quantenoptomechanik

Die Quantenoptomechanik untersucht die Wechselwirkung zwischen Licht und mechanischen Systemen auf Quantenebene. Experimente in diesem Bereich untersuchen die Auswirkungen des Unschärfeprinzips auf die Bewegung makroskopischer Objekte wie Spiegel und mechanischer Resonatoren, die an optische Felder gekoppelt sind. Die Quantenoptomechanik findet Anwendung in der Präzisionsmessung, der Quanteninformationsverarbeitung und in grundlegenden Tests der Quantenmechanik.

3.9.3 Quantenmetrologie

Die Quantenmetrologie nutzt Quantenphänomene, um die Genauigkeit von Messungen zu verbessern. Das Unschärfeprinzip setzt der Messgenauigkeit grundlegende Grenzen, doch mithilfe von Quantenverschränkung und Quantenquetschung lassen sich klassische Grenzen überschreiten. Techniken wie Atomuhren, Gravitationswellendetektoren und Interferometer stützen sich auf die Quantenmetrologie, um eine beispiellose Genauigkeit zu erreichen.

3.10 Zukünftige Richtungen und offene Fragen

Das Unschärfeprinzip bleibt ein spannendes Forschungsgebiet und es gibt fortlaufende Bemühungen, unser Verständnis zu vertiefen und neue Anwendungsmöglichkeiten zu erkunden.

3.10.1 Quantengravitation

Eine der größten offenen Fragen der Physik ist die Vereinigung der Quantenmechanik mit der allgemeinen Relativitätstheorie, die zu einer Theorie der Quantengravitation führen würde. Das Unschärfeprinzip spielt bei dieser Suche eine entscheidende Rolle, da es das Verhalten der Raumzeit auf kleinsten Skalen beeinflusst. Ansätze wie die Stringtheorie, die Schleifenquantengravitation und andere Quantengravitationstheorien zielen darauf ab, die Prinzipien der Quantenmechanik mit der Krümmung der Raumzeit in Einklang zu bringen.

3.10.2 Quanteninformationstheorie

Die Quanteninformationstheorie untersucht die Auswirkungen des Unschärfeprinzips auf die Informationsverarbeitung, Kommunikation und Berechnung. Forscher entwickeln neue Quantenalgorithmen, Fehlerkorrekturcodes und Protokolle für Quantenkommunikationsnetzwerke. Die Quanteninformationstheorie befasst sich auch mit grundlegenden Fragen zur Natur von Informationen, zur Entropie und zu den Grenzen der Berechnung.

3.10.3 Interdisziplinäre Forschung

Das Unschärfeprinzip überschneidet sich mit verschiedenen Bereichen der Naturwissenschaften und Technik und treibt interdisziplinäre Forschungsbemühungen voran. Die Quantenbiologie untersucht beispielsweise die Rolle von Quantenkohärenz und Quantenverschränkung bei biologischen Prozessen wie der Photosynthese und der Enzymkatalyse. Das Verständnis dieser Phänomene könnte zu neuen Erkenntnissen über die Mechanismen des Lebens und zur Entwicklung biologisch inspirierter Quantentechnologien führen.

Das Unschärfeprinzip, das Werner Heisenberg 1927 formulierte, ist ein Eckpfeiler der Quantenmechanik. Es stellt unser klassisches Verständnis von Messung und Determinismus grundlegend in Frage, indem es besagt, dass bestimmte Paare physikalischer Eigenschaften, wie Position und Impuls, nicht gleichzeitig genau bekannt sein können. Dieses Prinzip hat weitreichende Auswirkungen auf unser Verständnis der Quantenwelt, der Natur der Realität und der Grenzen wissenschaftlichen Wissens.

Das Unschärfeprinzip ergibt sich auf natürliche Weise aus dem mathematischen Rahmen der Quantenmechanik und wurde durch zahlreiche Experimente bestätigt. Es hat tiefgreifende philosophische Implikationen und stellt klassische Vorstellungen von Determinismus, Realität und der Rolle des Beobachters in Frage. Das Prinzip spielt eine entscheidende Rolle in der modernen Physik und beeinflusst Bereiche wie die Quantenfeldtheorie, die Quantenelektrodynamik und die Quantenchromodynamik.

Technologische Fortschritte wie Rastertunnelmikroskopie, Quantenkryptographie und Quantencomputer nutzen das Unschärfeprinzip, um neue Fähigkeiten und Präzision zu erreichen. Laufende experimentelle und theoretische Forschung erforscht weiterhin die Auswirkungen des Unschärfeprinzips und erweitert die Grenzen unseres Verständnisses.

Kapitel 4: Quantenzustände und Superposition

4.1 Einleitung

Die Quantenmechanik, der Zweig der Physik, der sich mit dem Verhalten subatomarer Teilchen beschäftigt, führt Konzepte ein, die unserer klassischen Intuition widersprechen. Zu den faszinierendsten zählen Quantenzustände und Superposition. Diese Prinzipien bilden die Grundlage unseres Verständnisses der Quantenwelt und haben weitreichende Auswirkungen auf Technologie, Philosophie und die Natur der Realität selbst. In diesem Kapitel werden wir den Formalismus von Quantenzuständen, das Prinzip der Superposition und ihre Anwendungen in der Quanteninformatik, Kryptographie und darüber hinaus untersuchen. Wir werden uns auch mit den theoretischen und philosophischen Implikationen dieser Konzepte befassen.

4.2 Quantenzustände

Quantenzustände sind die grundlegenden Beschreibungen von Teilchen und Systemen in der Quantenmechanik. Sie enthalten sämtliche Informationen über die Eigenschaften und das Verhalten eines Systems.

4.2.1 Die Wellenfunktion

Der Zustand eines Quantensystems wird durch eine Wellenfunktion beschrieben, die normalerweise als ψ bezeichnet wird. Die Wellenfunktion ist eine komplexwertige Funktion, die von den Koordinaten der Teilchen und der Zeit abhängt. Für ein einzelnes Teilchen in einer Dimension gibt die Wellenfunktion $\psi(x, t)$ die Wahrscheinlichkeitsamplitude an, das Teilchen zum Zeitpunkt t an der Position x zu finden.

Das Quadrat des Betrags der Wellenfunktion, $|\psi(x, t)|^2$, stellt die Wahrscheinlichkeitsdichte dar, das Teilchen zum Zeitpunkt t an der Position x zu finden. Diese probabilistische Interpretation wurde erstmals 1926 von Max Born vorgeschlagen und brachte ihm 1954 den Nobelpreis für Physik ein.

Die Wellenfunktion muss bestimmte Bedingungen erfüllen, um physikalisch sinnvoll zu sein:
- Es muss normalisierbar sein: $\int |\psi(x, t)|^2 \, dx = 1$
- Es muss kontinuierlich und differenzierbar sein
– Es muss die Schrödinger-Gleichung erfüllen, die die Entwicklung der Wellenfunktion im Laufe der Zeit bestimmt.

4.2.2 Die Schrödingergleichung

Die Schrödingergleichung ist die grundlegende Bewegungsgleichung in der Quantenmechanik, analog zu Newtons Gesetzen in der klassischen Mechanik. Sie kommt in zwei Formen vor: die zeitabhängige Schrödingergleichung und die zeitunabhängige Schrödingergleichung.

Die zeitabhängige Schrödingergleichung lautet:

$$i\hbar \frac{\partial \psi(x,t)}{\partial t} = \hat{H}\psi(x,t)$$

wobei i die imaginäre Einheit, $\hbar$ die reduzierte Planck-Konstante und $\hat{H}$ der Hamiltonoperator ist, der die Gesamtenergie des Systems darstellt.

Die zeitunabhängige Schrödingergleichung wird für Systeme verwendet, bei denen der Hamiltonoperator nicht von der Zeit abhängt:

$$\hat{H}\psi(x) = E\psi(x)$$

wobei E der mit der Wellenfunktion $\psi(x)$ verbundene Energieeigenwert ist.

4.2.3 Eigenzustände und Eigenwerte

In der Quantenmechanik werden Observablen wie Position, Impuls und Energie durch Operatoren dargestellt. Wenn ein Operator $\hat{A}$ auf eine Wellenfunktion ψ einwirkt und ein Vielfaches dieser Wellenfunktion zurückgibt, wird ψ als Eigenzustand von $\hat{A}$ bezeichnet und das Vielfache ist der entsprechende Eigenwert.

Mathematisch wird dies wie folgt ausgedrückt:

$$\hat{A}\psi = a\psi$$

wobei ψ der Eigenzustand und a der Eigenwert ist.

Eigenzustände und Eigenwerte sind in der Quantenmechanik von entscheidender Bedeutung, da Messungen einer Observablen den Eigenwerten des zugehörigen Operators entsprechen und die Wellenfunktion des Systems bei der Messung in den entsprechenden Eigenzustand kollabiert.

4.2.4 Dirac-Notation

Um die Manipulation von Quantenzuständen zu vereinfachen, führte der Physiker Paul Dirac eine Notation ein, die als Bra-Ket-Notation bekannt ist. In diesem Formalismus wird eine Wellenfunktion ψ als Ket $|\psi\rangle$ und ihre komplex konjugierte Transponierte (Dualvektor) als Bra $\langle\psi|$ bezeichnet. Innere Produkte (Überlappungen zwischen Zuständen) werden als $\langle\phi|\psi\rangle$ und äußere Produkte (aus Zuständen gebildete Operatoren) als $|\psi\rangle\langle\phi|$ geschrieben.

Die Dirac-Notation bietet eine prägnante und leistungsfähige Möglichkeit, Quantenzustände, Operatoren und ihre Wechselwirkungen auszudrücken.

4.3 Superpositionsprinzip

Eines der grundlegendsten und kontraintuitivsten Prinzipien der Quantenmechanik ist das Superpositionsprinzip. Es besagt, dass ein Quantensystem, wenn es mehrere Zustände haben kann, auch jede beliebige lineare Kombination dieser Zustände haben kann.

4.3.1 Lineare Überlagerung

Betrachten Sie zwei Quantenzustände $|\psi_1\rangle$ und $|\psi_2\rangle$. Gemäß dem Superpositionsprinzip ist jede lineare Kombination dieser Zustände, $c_1|\psi_1\rangle + c_2|\psi_2\rangle$, wobei c_1 und c_2 komplexe Zahlen sind, ebenfalls ein gültiger Quantenzustand.

Dieses Prinzip ermöglicht es Quantensystemen, gleichzeitig in mehreren Zuständen zu existieren, was zu Phänomenen wie Interferenz und Verschränkung führt. Die Koeffizienten $($

c_1 und c_2 bestimmen die Wahrscheinlichkeitsamplituden dafür, dass sich das System in jedem Zustand befindet.

4.3.2 Interferenz

Quanteninterferenz entsteht, wenn sich die Wahrscheinlichkeitsamplituden verschiedener Zustände kombinieren. Die resultierende Wahrscheinlichkeit ist nicht einfach die Summe der einzelnen Wahrscheinlichkeiten, sondern das Quadrat der Summe der Amplituden, was zu konstruktiver oder destruktiver Interferenz führt.

Beim berühmten Doppelspaltexperiment beispielsweise bildet ein einzelnes Teilchen, das gleichzeitig durch zwei Schlitze hindurchgeht, ein Interferenzmuster auf einem Bildschirm und demonstriert so die wellenartige Natur von Teilchen und das Superpositionsprinzip.

4.3.3 Superposition in der Quanteninformatik

Superposition ist eine Schlüsselressource in der Quanteninformatik. Quantenbits oder Qubits können in Superpositionen der klassischen Zustände $|0\rangle$ und $|1\rangle$ existieren. Ein allgemeiner Qubit-Zustand kann wie folgt geschrieben werden:

$$|\psi\rangle = \alpha|0\rangle + \beta|1\rangle$$

wobei α und β komplexe Koeffizienten sind, die $|\alpha|^2 + |\beta|^2 = 1$ erfüllen.

Die Fähigkeit, sich gleichzeitig in mehreren Zuständen befinden zu können, ermöglicht es Quantencomputern, viele Berechnungen parallel durchzuführen, was bei bestimmten Problemen eine potenziell exponentielle Beschleunigung gegenüber klassischen Computern ermöglicht.

4.4 Quantenmessung

Der Messvorgang in der Quantenmechanik ist von Natur aus probabilistisch und führt zum Kollaps der Wellenfunktion.

4.4.1 Messpostulate

Für die Quantenmessung gelten folgende Postulate:

1. **Beobachtbare Korrespondenz**: Jede Observable in der Quantenmechanik entspricht einem hermiteschen Operator.
2. **Messergebnisse**: Die möglichen Ergebnisse der Messung einer Observablen entsprechen den Eigenwerten des zugehörigen Operators.
3. **Zustandskollaps**: Bei der Messung kollabiert die Wellenfunktion in den Eigenzustand, der dem gemessenen Eigenwert entspricht.
4. **Wahrscheinlichkeit**: Die Wahrscheinlichkeit, einen bestimmten

Eigenwert zu erhalten, ergibt sich aus dem Quadrat der Projektion der Wellenfunktion auf den entsprechenden Eigenzustand.

4.4.2 Der Kollaps der Wellenfunktion

Wenn eine Messung durchgeführt wird, kollabiert die Wellenfunktion $| \psi \rangle$ zu einem der Eigenzustände der gemessenen Observablen. Befindet sich das System anfangs in einem Überlagerungszustand $| \psi \rangle = \sum_i c_i | \phi_i \rangle$, wobei $| \phi_i \rangle$ die Eigenzustände sind, beträgt die Wahrscheinlichkeit des Kollabierens zu $| \phi_i \rangle$ $|c_i|^2$.

Dieser Zusammenbruch erfolgt augenblicklich und nicht deterministisch, wodurch ein Zufallselement in den Messvorgang eingeführt wird.

4.4.3 Quantenverschränkung

Verschränkung ist ein Phänomen, bei dem die Quantenzustände zweier oder mehrerer Teilchen so miteinander korreliert werden, dass der Zustand jedes einzelnen Teilchens nicht unabhängig beschrieben werden kann. Verschränkungen bleiben auch bei großer Distanz miteinander verbunden, sodass Messungen an einem Teilchen den Zustand des anderen unmittelbar beeinflussen.

Verschränkung spielt eine entscheidende Rolle bei der Quanteninformationsverarbeitung und ermöglicht Protokolle wie Quantenteleportation und auf Verschränkung basierende Kryptographie.

4.5 Anwendungen von Superposition und Quantenzuständen

Die Prinzipien der Superposition und der Quantenzustände werden in verschiedenen fortschrittlichen Technologien und theoretischen Konstrukten genutzt.

4.5.1 Quantencomputing

Wie bereits erwähnt, nutzt das Quantencomputing die Überlagerung von Qubits, um parallele Berechnungen durchzuführen. Algorithmen wie Shors Algorithmus zur Faktorisierung großer Zahlen und Grovers Algorithmus zur Datenbanksuche zeigen das Potenzial des Quantencomputings, Probleme zu lösen, die für klassische Computer unlösbar sind.

Quantengatter, die Qubits manipulieren, nutzen die Superposition, um Operationen an mehreren Zuständen gleichzeitig durchzuführen. Beispielsweise transformiert das Hadamard-Gatter ein Qubit von einem Basiszustand $|0\rangle$ oder $|1\rangle$ in einen Superpositionszustand:

$$H|0\rangle = \tfrac{1}{\sqrt{2}}(|0\rangle + |1\rangle)$$

Diese Überlagerungszustände sind für die Quantenparallelität und -interferenz von wesentlicher Bedeutung und führen zu einer Quantenbeschleunigung.

4.5.2 Quantenkryptographie

Die Quantenkryptographie nutzt die Prinzipien der Quantenmechanik, um eine sichere Kommunikation zu erreichen. Quantum Key Distribution (QKD)-Protokolle wie BB84 nutzen die Überlagerungs- und Verschränkungseigenschaften von Quantenzuständen, um einen sicheren Schlüsselaustausch zu ermöglichen. In BB84 bereitet der Sender (Alice) Qubits in einem von vier möglichen Zuständen vor, die Überlagerungen der Basiszustände $|0\rangle$ und $|1\rangle$ sind. Der Empfänger (Bob) misst diese Qubits in zufällig ausgewählten Basen. Aufgrund der Natur der Quantenmessung wird jeder Abhörversuch durch einen Abfangjäger (Eve) die Zustände stören und erkennbare Anomalien in die Übertragung einführen. Dadurch wird sichergestellt, dass jedes Vorhandensein von Abhörversuchen identifiziert werden kann, was ein Maß an Sicherheit bietet, das mit klassischen Mitteln nicht erreichbar ist.

Die Quantenkryptographie findet praktische Anwendung in sicheren Kommunikationssystemen und wird aktiv für den Einsatz in der kommerziellen und staatlichen sicheren Kommunikation erforscht und entwickelt.

4.5.3 Quantenteleportation

Quantenteleportation ist ein Prozess, bei dem der Zustand eines Quantensystems von einem Ort zum anderen übertragen wird, ohne das Teilchen selbst physisch zu übertragen. Dies wird durch Quantenverschränkung und -überlagerung ermöglicht. Das Protokoll umfasst drei Hauptschritte:

1. **Herstellung verschränkter Zustände**: Zwei Teilchen, A und B, werden in einem verschränkten Zustand hergestellt.
2. **Messung und klassische Kommunikation**: Die Senderin (Alice) führt eine gemeinsame Messung an dem zu teleportierenden Teilchen (C) und einem der verschränkten Teilchen (A) durch. Diese Messung lässt den Zustand von Teilchen C kollabieren und verschränkt es mit Teilchen A, wodurch zwei klassische Informationsbits entstehen, die Alice dann an den Empfänger (Bob) sendet.
3. **Unitäre Transformation**: Mithilfe der von Alice erhaltenen Informationen wendet Bob eine geeignete unitäre Transformation auf sein verschränktes Teilchen (B) an, um den Zustand des ursprünglichen Teilchens (C) wiederherzustellen.

Die Quantenteleportation verstößt nicht gegen das No-Signaling-Theorem, da zur Vervollständigung des Teleportationsprozesses die Übertragung klassischer Informationen erforderlich ist.

4.5.4 Quantensensoren

Quantensensoren nutzen die Überlagerung und Verschränkung von Quantenzuständen, um eine bisher unerreichte Empfindlichkeit und Präzision bei Messungen zu erreichen. Beispiele hierfür sind:

- **Atomuhren**: Nutzen Sie Überlagerungszustände von Atomen, um die Zeit mit außergewöhnlicher Genauigkeit zu messen.
- **Magnetometer**: Nutzen Sie Quantenzustände von Teilchen, um winzige Änderungen in Magnetfeldern zu erkennen.
- **Gravitationswellendetektoren**: Verwenden Sie quantenverstärkte Interferometrie, um winzige Störungen der Raumzeit zu erkennen, die durch Gravitationswellen verursacht werden.

Diese Quantensensoren finden Anwendung in zahlreichen Bereichen, unter anderem in der Navigation, der medizinischen Bildgebung und der physikalischen Grundlagenforschung.

Kapitel 5: Quantenverschränkung

5.1 Einleitung

Die Quantenverschränkung ist eines der faszinierendsten und rätselhaftesten Phänomene der Quantenmechanik. Sie beschreibt eine Situation, in der die Quantenzustände zweier oder mehrerer Teilchen so miteinander verflochten sind, dass der Zustand eines Teilchens nicht unabhängig vom Zustand der anderen Teilchen beschrieben werden kann, egal wie groß die Entfernung zwischen ihnen ist. Dieses Kapitel befasst sich mit den grundlegenden Prinzipien der Quantenverschränkung, ihrer experimentellen Überprüfung und ihren tiefgreifenden Auswirkungen auf Physik, Informationstheorie und Technologie.

5.2 Historischer Hintergrund

5.2.1 Frühe Entwicklungen

Das Konzept der Quantenverschränkung entstand im frühen 20. Jahrhundert, als sich Physiker mit den Implikationen der Quantentheorie auseinandersetzten. 1935 veröffentlichten Albert Einstein, Boris Podolsky und Nathan Rosen eine Arbeit, die ein Gedankenexperiment vorstellte, das als EPR-Paradoxon bekannt ist. Sie argumentierten, dass die Quantenmechanik unvollständig sei, weil sie „spukhafte Fernwirkung" zulasse, bei der verschränkte Teilchen sich scheinbar augenblicklich gegenseitig beeinflussen und so das Lokalitätsprinzip verletzen. Dies stellte die Vollständigkeit der quantenmechanischen Beschreibung der Realität in Frage.

5.2.2 Schrödingers Beitrag

Erwin Schrödinger, einer der Pioniere der Quantenmechanik, erforschte das Konzept der Verschränkung weiter und prägte den Begriff „Verschränkung". Schrödinger erkannte, dass Verschränkung ein grundlegendes Merkmal von Quantensystemen ist, und betonte, dass es sich nicht nur um einen merkwürdigen Nebeneffekt, sondern um einen Kernaspekt der Quantenmechanik handelt.

5.3 Grundlegende Prinzipien

Die Quantenverschränkung ergibt sich aus dem Superpositionsprinzip und der Ununterscheidbarkeit der Quantenteilchen.

5.3.1 Superposition und Verschränkung

Wenn zwei Teilchen miteinander verschränkt sind, wird ihr gemeinsamer Quantenzustand als Überlagerung der möglichen Zustände der beiden Teilchen beschrieben. Das bedeutet, dass das System gleichzeitig eine Kombination aller möglichen Konfigurationen aufweist und der Zustand eines Teilchens vom Zustand des anderen abhängig ist.

5.3.2 Nicht-Lokalität

Nichtlokalität bezeichnet die kontraintuitive Eigenschaft verschränkter Teilchen, bei der eine Messung an einem Teilchen den Zustand des anderen Teilchens unmittelbar beeinflusst, unabhängig von der Entfernung zwischen ihnen.

Dieses Phänomen wurde durch zahlreiche Experimente bestätigt und stellt unsere klassischen Vorstellungen von Raum und Zeit in Frage.

5.4 Experimentelle Verifizierung

Die Quantenverschränkung wurde in den letzten Jahrzehnten durch verschiedene bahnbrechende Experimente experimentell bestätigt.

5.4.1 Bell'scher Satz und Bell-Testexperimente

1964 formulierte der Physiker John Bell den Bellschen Satz, der eine Möglichkeit bot, die Vorhersagen der Quantenmechanik mit denen lokaler Theorien verborgener Variablen zu vergleichen, die Quantenphänomene durch bereits vorhandene Eigenschaften erklären wollten, die in der Quantenmechanik nicht berücksichtigt wurden. Bell leitete Ungleichungen ab (heute bekannt als Bellsche Ungleichungen), die lokale Theorien verborgener Variablen erfüllen müssen.

Bell-Testexperimente, die in den 1970er und 1980er Jahren von Alain Aspect und anderen durchgeführt wurden, testeten diese Ungleichungen mit verschränkten Photonen. Die Ergebnisse verletzten die Bell-Ungleichungen, unterstützten die Vorhersagen der Quantenmechanik und demonstrierten die nicht-lokale Natur der Verschränkung.

5.4.2 Jüngste Fortschritte

Jüngste Experimente haben mehrere Lücken geschlossen, die Zweifel an früheren Ergebnissen aufkommen ließen. Dazu gehört die Detektionslücke, die die Frage aufwirft, ob die beobachteten Verstöße auf die Unfähigkeit zurückzuführen sind, alle verschränkten Teilchen zu detektieren, und die Lokalitätslücke, die die Frage aufwirft, ob die Ergebnisse durch Kommunikation zwischen Detektoren erklärt werden könnten. Experimente von Anton Zeilingers Gruppe und anderen haben diese

Aspekte gründlich getestet und so die empirische Grundlage der Verschränkung weiter gefestigt.

5.5 Quantenverschränkung in der Informationstheorie

Die Quantenverschränkung hat tiefgreifende Auswirkungen auf die Informationstheorie, insbesondere in den Bereichen des Quantencomputings und der Quantenkommunikation.

5.5.1 Quantenteleportation

Die Quantenteleportation, die 1993 von Charles Bennett und seinen Kollegen vorgeschlagen wurde, ist ein Prozess, bei dem der Quantenzustand eines Teilchens mithilfe von Verschränkung und klassischer Kommunikation von einem Ort zum anderen übertragen wird. Dabei handelt es sich nicht um die physische Übertragung des Teilchens selbst, sondern um die Übertragung seines Zustands, die durch eine Kombination aus lokalen Operationen und dem gemeinsamen verschränkten Zustand erreicht wird.

In einem typischen Quantenteleportationsprotokoll teilen sich Alice und Bob ein Paar verschränkter Teilchen. Alice führt dann eine gemeinsame Messung an ihrem Teilchen und dem Teilchen durch, dessen Zustand teleportiert werden soll. Diese Messung versetzt das System in einen verschränkten Zustand und erzeugt klassische Informationen, die Alice an Bob sendet. Mithilfe dieser Informationen wendet Bob eine entsprechende Operation auf sein verschränktes Teilchen an und transformiert es effektiv in den Zustand des ursprünglichen Teilchens.

5.5.2 Quantenkryptographie

Die Quantenkryptographie, insbesondere die Quantenschlüsselverteilung (QKD), nutzt die Verschränkung, um eine sichere Kommunikation zu ermöglichen. Das bekannteste QKD-Protokoll, BB84, verwendet verschränkte Photonenpaare, um einen sicheren kryptografischen Schlüssel zwischen zwei Parteien zu erstellen. Jeder Lauschversuch eines Abfangjägers stört den verschränkten Zustand, enthüllt seine Anwesenheit und gewährleistet die Sicherheit des Schlüsselaustauschs.

5.5.3 Quantencomputing

Quantenverschränkung ist eine entscheidende Ressource in der Quanteninformatik. Verschränkte Qubits, bekannt als EPR-Paare oder Bell-Zustände, ermöglichen Quantenalgorithmen Berechnungen, die für klassische Computer nicht durchführbar sind. Algorithmen wie Shors Algorithmus zur Faktorisierung großer Ganzzahlen und Grovers Algorithmus zur Suche in unsortierten Datenbanken sind auf Verschränkung angewiesen, um ihre exponentielle Beschleunigung zu erreichen.

Verschränkung erleichtert auch die Quantenfehlerkorrektur, die für die Entwicklung praktischer Quantencomputer von entscheidender Bedeutung ist. Fehlerkorrekturcodes verwenden verschränkte Zustände, um Fehler zu erkennen und zu korrigieren, die während der Quantenberechnung auftreten, und so die Zuverlässigkeit und Stabilität der Quanteninformationsverarbeitung sicherzustellen.

5.6 Theoretische Implikationen

Die Quantenverschränkung stellt unser klassisches Weltverständnis in Frage und hat erhebliche Auswirkungen auf die Interpretation der Quantenmechanik.

5.6.1 Das EPR-Paradoxon und der lokale Realismus

Das von Einstein, Podolsky und Rosen vorgeschlagene EPR-Paradoxon stellte in Frage, ob die Quantenmechanik eine vollständige Beschreibung der physikalischen Realität lieferte. Sie argumentierten, dass eine vollständige Quantenmechanik nichtlokale Wechselwirkungen implizieren würde, was unglaubwürdig erschien. Das Paradoxon verdeutlichte eine grundlegende Spannung zwischen den Prinzipien der Quantenmechanik und dem Konzept des lokalen Realismus, das besagt, dass physikalische Prozesse, die an einem Ort stattfinden, nicht augenblicklich Prozesse an einem anderen, entfernten Ort beeinflussen sollten.

Der Bellsche Satz und nachfolgende Experimente haben gezeigt, dass der lokale Realismus die beobachteten Phänomene nicht vollständig erklären kann, was darauf schließen lässt, dass das Universum grundsätzlich nicht-lokal funktioniert.

5.6.2 Die Viele-Welten-Interpretation

Die Viele-Welten-Interpretation (MWI) der Quantenmechanik, die 1957 von Hugh Everett vorgeschlagen wurde, bietet eine alternative

Sichtweise auf die Verschränkung. Laut MWI treten alle möglichen Ergebnisse von Quantenmessungen tatsächlich auf, jedes in einem separaten, verzweigten Universum. Verschränkung stellt in diesem Zusammenhang die Korrelation zwischen verschiedenen Zweigen des Multiversums dar. Diese Interpretation macht den Kollaps der Wellenfunktion überflüssig und behandelt alle möglichen Zustände als gleich real, was zu einer riesigen, verzweigten Struktur der Realität führt.

5.6.3 Dekohärenz und die klassische Welt

Die Dekohärenztheorie liefert einen Mechanismus für die Entstehung klassischen Verhaltens von Quantensystemen. Wenn ein Quantensystem mit seiner Umgebung interagiert, führt die Verschränkung zwischen dem System und der Umgebung dazu, dass die Überlagerungszustände zu klassischen Mischungen dekohärent werden. Dieser Prozess erklärt, warum makroskopische Objekte normalerweise keine Quantenüberlagerungen aufweisen und sich gemäß der klassischen Physik verhalten. Die Dekohärenz überbrückt somit die Lücke zwischen der Quantenwelt und der klassischen Welt und hilft, die scheinbar unterschiedlichen Verhaltensweisen, die auf unterschiedlichen Skalen beobachtet werden, in Einklang zu bringen.

5.7 Technologische Anwendungen

Die praktischen Anwendungen der Quantenverschränkung gehen über theoretische Erkenntnisse hinaus und bieten transformatives Potenzial in verschiedenen Technologiebereichen.

5.7.1 Quantennetzwerke und Quanteninternet

Quantennetzwerke nutzen Verschränkung, um eine sichere und effiziente Kommunikation zwischen weit entfernten Knoten zu ermöglichen. Das Konzept eines Quanteninternets sieht ein globales Netzwerk von Quantengeräten vor, die durch verschränkte

Verbindungen verbunden sind und so sichere Kommunikation, verteiltes Quantencomputing und verbesserte Messtechnik ermöglichen. Quantenrepeater, die Verschränkungsaustausch nutzen, um den Bereich verschränkter Zustände zu erweitern, sind entscheidende Komponenten bei der Entwicklung groß angelegter Quantennetzwerke.

5.7.2 Quantenmetrologie

Die Quantenmetrologie nutzt verschränkte Zustände, um die Präzision von Messungen über die Grenzen der klassischen Physik hinaus zu verbessern. Verschränkte Teilchen können in verschiedenen Sensoranwendungen eingesetzt werden, beispielsweise in Atomuhren, Gravitationswellendetektoren und Magnetfeldsensoren. Diese Anwendungen profitieren von der durch die Quantenverschränkung erzielten höheren Empfindlichkeit und Präzision und ermöglichen neue Genauigkeitsgrade bei wissenschaftlichen und technologischen Messungen.

5.7.3 Quantensimulation

Quantensimulatoren verwenden verschränkte Quantenzustände, um komplexe physikalische Systeme zu modellieren, die sich mit klassischen Methoden nur schwer oder gar nicht simulieren lassen. Diese Simulatoren können Einblicke in Phänomene wie Hochtemperatur-Supraleitung, Quantenphasenübergänge und das Verhalten stark korrelierter Materialien liefern. Durch die Nutzung der Kraft der Verschränkung bieten Quantensimulatoren ein leistungsstarkes Werkzeug zur Erforschung der Grenzen der Festkörperphysik und der Materialwissenschaften.

5.8 Zukünftige Richtungen und offene Fragen

Trotz deutlicher Fortschritte bleiben in der Erforschung und Anwendung der Quantenverschränkung viele Fragen und Herausforderungen bestehen.

5.8.1 Skalierbares Quantencomputing

Eine der größten Herausforderungen ist die Entwicklung skalierbarer Quantencomputer, die nützliche Berechnungen durchführen können, die über die Fähigkeiten klassischer Maschinen hinausgehen. Um dieses Ziel zu erreichen, sind Fortschritte bei der Fehlerkorrektur, Qubit-Kohärenz und der Erzeugung von Verschränkungen erforderlich. Forscher untersuchen verschiedene Qubit-Architekturen, darunter supraleitende Schaltkreise, gefangene Ionen und topologische Qubits, um praktische und skalierbare Quantencomputer zu entwickeln.

5.8.2 Verschränkung in biologischen Systemen

Die Rolle der Verschränkung in biologischen Prozessen ist ein aufstrebendes Forschungsgebiet. Einige Studien legen nahe, dass Verschränkung bei Phänomenen wie Photosynthese, Enzymkatalyse und Vogelnavigation eine Rolle spielen könnte. Das

Verständnis, wie Verschränkung biologische Systeme beeinflusst, könnte zu neuen Erkenntnissen über die grundlegenden Prozesse des Lebens führen und neuartige biomimetische Technologien inspirieren.

5.8.3 Quantengravitation und die Natur der Raumzeit

Die Quantenverschränkung kann auch Hinweise auf die Natur von Raumzeit und Schwerkraft liefern. Neuere theoretische Arbeiten legen nahe, dass die Verschränkung der Schlüssel zum Verständnis der Struktur der Raumzeit selbst sein könnte. Die Idee, dass die Raumzeitgeometrie aus der Quantenverschränkung entstehen könnte, ist ein zentrales Thema in verschiedenen Ansätzen zur Quantengravitation, einschließlich der AdS/CFT-Korrespondenz und Tensornetzwerkmodellen.

5.8.4 Quantenverschränkung und Informationstheorie

Das Zusammenspiel zwischen Quantenverschränkung und Informationstheorie ist weiterhin ein fruchtbarer Boden für die Forschung. Konzepte wie Verschränkungsentropie, Verschränkungsaustausch und die Rolle der Verschränkung in Quantenfehlerkorrekturcodes sind entscheidend für unser Verständnis der Quanteninformationswissenschaft. Die weitere Untersuchung dieser Bereiche kann zu neuen Protokollen für Quantenkommunikation, -berechnung und -kryptographie führen.

5.9 Philosophische Implikationen

Die Auswirkungen der Quantenverschränkung gehen über Physik und Technologie hinaus und berühren tiefe philosophische Fragen über die Natur der Realität, des Wissens und der Kausalität.

5.9.1 Realität und Nicht-Lokalität

Die Verschränkung stellt klassische Vorstellungen von Realität und Lokalität in Frage. Die beobachteten augenblicklichen Korrelationen bei verschränkten Teilchen deuten auf einen Grad der Verbundenheit hin, der sich klassischen Erklärungen widersetzt. Dies hat zu philosophischen Debatten über die Natur der Realität, die Grenzen des menschlichen Wissens und die Interpretation der Quantenmechanik geführt. Verschiedene philosophische Interpretationen wie die Kopenhagener Deutung, die Viele-Welten-Interpretation und die Bohmsche Mechanik bieten unterschiedliche Perspektiven auf diese grundlegenden Fragen.

5.9.2 Determinismus und freier Wille

Die probabilistische Natur der Quantenmechanik, die durch die Verschränkung hervorgehoben wird, wirft Fragen zu Determinismus und freiem Willen auf. Wenn die Ergebnisse von Quantenmessungen grundsätzlich zufällig sind, was bedeutet das für die Vorhersagbarkeit des Universums und das

Konzept des freien Willens? Diese Fragen bleiben offen und sind Gegenstand laufender philosophischer Untersuchungen.

Die Quantenverschränkung ist ein Eckpfeiler der Quantenmechanik und hat tiefgreifende Auswirkungen auf Wissenschaft, Technologie und Philosophie. Sie stellt unser klassisches Weltbild in Frage und bietet neue Einblicke in die Natur der Realität und die Vernetzung des Universums. Von den theoretischen Grundlagen bis hin zu praktischen Anwendungen ist die Verschränkung weiterhin eine treibende Kraft für die Weiterentwicklung der Quanteninformationswissenschaft und -technologie. Mit fortschreitender Forschung könnten die Geheimnisse der Verschränkung neue Grenzen in unserem Bestreben erschließen, das Universum zu verstehen und sein Potenzial zu nutzen.

5.11 Zusammenfassung der wichtigsten Punkte

- Quantenverschränkung beschreibt einen Zustand, in dem die Eigenschaften zweier oder mehrerer Teilchen voneinander abhängig sind, unabhängig von der Entfernung, die sie trennt.
- Historische Entwicklungen, darunter das EPR-Paradoxon und die Beiträge Schrödingers, legten den Grundstein für das Verständnis der Verschränkung.
- Die experimentelle Überprüfung, insbesondere durch den Bell-Satz und die Bell-Testexperimente, hat die nichtlokale Natur der Verschränkung bestätigt.
- Die Verschränkung hat erhebliche Auswirkungen auf die Quanteninformationstheorie und ermöglicht Technologien wie Quantenteleportation, Quantenkryptographie und Quantencomputing.
- Theoretische Implikationen stellen klassische Vorstellungen von Lokalität und Realismus in Frage, wobei Interpretationen wie die Viele-Welten-Interpretation und die Dekohärenztheorie unterschiedliche Perspektiven bieten.

– Zu den technologischen Anwendungen gehören Quantennetzwerke, Quantenmetrologie und Quantensimulation.
- Zukünftige Forschungsrichtungen erkunden skalierbares Quantencomputing, die Rolle der Verschränkung in biologischen Systemen, die Quantengravitation und die Grundlagen der Informationstheorie.

Kapitel 6: Die Schrödinger-Gleichung

6.1 Einleitung

Die Schrödingergleichung ist eine der grundlegendsten Gleichungen der Quantenmechanik und beschreibt, wie sich der

Quantenzustand eines physikalischen Systems im Laufe der Zeit ändert. Diese nach dem österreichischen Physiker Erwin Schrödinger benannte Gleichung ist der Eckpfeiler der Wellenmechanik und bietet einen umfassenden Rahmen zum Verständnis des Verhaltens von Teilchen auf Quantenebene. In diesem Kapitel werden wir den historischen Kontext, die grundlegenden Prinzipien und die weitreichenden Auswirkungen der Schrödingergleichung sowie ihre Anwendungen in verschiedenen Bereichen der Physik untersuchen.

6.2 Historischer Hintergrund

6.2.1 Die Geburt der Quantenmechanik

Das frühe 20. Jahrhundert war eine Zeit tiefgreifender Veränderungen in der Physik. Die klassische Mechanik, die jahrhundertelang das vorherrschende Rahmenwerk gewesen war, begann bei der Anwendung auf atomare und subatomare Phänomene an ihre Grenzen zu stoßen. Experimente wie der photoelektrische Effekt, den Albert Einstein 1905 erklärte, und die diskreten Energieniveaus in Atomen, die Niels Bohr beobachtete, zeigten, dass eine neue Theorie erforderlich war.

6.2.2 Erwin Schrödingers Beitrag

Erwin Schrödinger formulierte 1926 seine gleichnamige Gleichung, die auf dem von Louis de Broglie vorgeschlagenen Welle-Teilchen-Dualismus basierte. Schrödingers Arbeit lieferte eine wellenbasierte Beschreibung von Teilchen, die die von Werner Heisenberg entwickelte Matrizenmechanik ergänzte. Schrödingers Gleichung wurde schnell zu einem zentralen Element der Quantenmechanik und bot ein leistungsfähiges Werkzeug zur Vorhersage des Verhaltens von Quantensystemen.

6.3 Grundlegende Prinzipien

Die Schrödinger-Gleichung fasst mehrere Schlüsselprinzipien der Quantenmechanik zusammen.

6.3.1 Welle-Teilchen-Dualität

Eine der Kernideen, die der Schrödinger-Gleichung zugrunde liegen, ist der Welle-Teilchen-Dualismus, also das Konzept, dass Teilchen wie Elektronen sowohl wellen- als auch teilchenartige Eigenschaften aufweisen. Dieser Dualismus ist grundlegend für das Verständnis von Phänomenen wie Interferenz und Beugung, die für Wellen charakteristisch sind, sowie der quantisierten Natur atomarer Energieniveaus, die für Teilchen charakteristisch sind.

6.3.2 Wahrscheinlichkeitsamplituden

In der Quantenmechanik wird der Zustand eines Systems durch eine Wellenfunktion beschrieben, die Informationen über die Wahrscheinlichkeitsamplituden verschiedener möglicher Ergebnisse enthält. Die Wahrscheinlichkeit, ein Teilchen in einem bestimmten Zustand vorzufinden, wird durch das Quadrat des Betrags der Wellenfunktion bestimmt. Diese von Max Born eingeführte probabilistische Interpretation stellt eine erhebliche Abweichung von den deterministischen Vorhersagen der klassischen Mechanik dar.

6.3.3 Superpositionsprinzip

Das Superpositionsprinzip besagt, dass, wenn ein System mehrere Zustände haben kann, der Gesamtzustand des Systems als Überlagerung dieser Zustände beschrieben werden kann. Dieses Prinzip ist entscheidend für das Verständnis von Phänomenen wie Interferenzmustern und dem Verhalten von Quantensystemen in Potentialtöpfen.

6.4 Lösung der Schrödingergleichung

Die Schrödinger-Gleichung kann für verschiedene Systeme gelöst werden, um die Wellenfunktionen und die entsprechenden Energieniveaus zu erhalten.

6.4.1 Freie Teilchen

Für ein freies Teilchen beschreibt die Schrödinger-Gleichung eine Welle, die sich ohne äußeres Potential durch den Raum ausbreitet. Die Lösungen dieser Gleichung sind ebene Wellen, die Einblicke in das Verhalten von Teilchen geben, die sich frei im Raum bewegen.

6.4.2 Teilchen in einer Box

Das „Partikel-in-einer-Box"-Problem, auch bekannt als unendlicher Potentialtopf, ist ein grundlegendes Beispiel, das die Quantisierung in der Quantenmechanik veranschaulicht. In diesem Szenario ist ein Partikel auf einen begrenzten Raumbereich mit unendlich hohen Potentialbarrieren an den Grenzen beschränkt.

Die Lösungen für dieses Problem offenbaren diskrete Energieniveaus und Wellenfunktionen, die die Wahrscheinlichkeitsverteilung des Partikels innerhalb der Box beschreiben.

6.4.3 Harmonischer Oszillator

Der quantenharmonische Oszillator ist ein weiteres Schlüsselsystem, das mithilfe der Schrödingergleichung gelöst werden kann. Er modelliert Teilchen, die durch eine Rückstellkraft gebunden sind, die proportional zu ihrer Verschiebung ist, analog zu einem Masse-Feder-System in der klassischen Mechanik. Die Lösungen ergeben quantisierte Energieniveaus und Wellenfunktionen und geben Einblicke in Systeme von Molekülschwingungen bis hin zu Quantenfeldern.

6.5 Anwendungen in der Physik

Die Schrödingergleichung hat vielfältige Anwendungsmöglichkeiten in zahlreichen Bereichen der Physik.

6.5.1 Atom- und Molekülphysik

In der Atom- und Molekülphysik wird die Schrödinger-Gleichung verwendet, um das Verhalten von Elektronen in Atomen und Molekülen zu beschreiben. Indem Physiker die Gleichung für Systeme wie das Wasserstoffatom lösen, können sie Energieniveaus, Spektrallinien und chemische Bindungseigenschaften vorhersagen. Die Schrödinger-Gleichung bildet die Grundlage für die Berechnung der elektronischen Struktur in der Quantenchemie und ermöglicht die Vorhersage von Molekülgeometrien und Reaktionswegen.

6.5.2 Festkörperphysik

In der Festkörperphysik spielt die Schrödinger-Gleichung eine entscheidende Rolle beim Verständnis der elektronischen Eigenschaften von Materialien. Die Lösungen der Gleichung für Elektronen in einem periodischen Potential, wie etwa einem Kristallgitter, führen zum Konzept von Energiebändern und Bandlücken. Dieser Rahmen erklärt die elektrische Leitfähigkeit von Metallen, Isolatoren und Halbleitern und bildet die Grundlage für die moderne Elektronik.

6.5.3 Kernphysik

Die Schrödinger-Gleichung wird auch in der Kernphysik angewendet, um das Verhalten von Nukleonen (Protonen und Neutronen) im Atomkern zu beschreiben. Durch das Lösen der Gleichung für Kernpotentiale können Physiker die Energieniveaus und die Stabilität von Kernen sowie die Dynamik von Kernreaktionen und Zerfallsvorgängen vorhersagen.

6.6 Weiterführende Themen

Die Schrödingergleichung ist weiterhin ein Bereich aktiver Forschung, wobei mehrere fortgeschrittene Themen ihren Umfang und ihre Anwendbarkeit erweitern.

6.6.1 Zeitabhängige Schrödingergleichung

Während die zeitunabhängige Schrödingergleichung stationäre Zustände mit fester Energie beschreibt, berücksichtigt die zeitabhängige Schrödingergleichung die Entwicklung von Quantenzuständen im Laufe der Zeit. Diese Formulierung ist für das Studium dynamischer Prozesse, wie etwa der Wechselwirkung von Teilchen mit zeitabhängigen Feldern und der Entwicklung von Wellenpaketen, von wesentlicher Bedeutung.

6.6.2 Störungstheorie

Die Störungstheorie ist eine leistungsfähige Methode zur Lösung der Schrödingergleichung in Situationen, in denen aufgrund komplexer Wechselwirkungen keine exakten Lösungen möglich sind. Indem Physiker die

Wechselwirkungen als kleine Störungen eines bekannten lösbaren Systems behandeln, können sie die Energieniveaus und Wellenfunktionen approximieren und so Einblicke in Systeme wie Atome in externen Feldern und Wechselwirkungen zwischen Molekülen gewinnen.

6.6.3 Streutheorie

Die Streutheorie, die auf der Schrödingergleichung basiert, beschreibt, wie Teilchen miteinander interagieren und sich gegenseitig oder an externen Potentialen streuen. Diese Theorie ist grundlegend für das Verständnis von Kollisionsprozessen, Wirkungsquerschnitten und Resonanzphänomenen in Bereichen von der Teilchenphysik bis zur Materialwissenschaft.

6.7 Theoretische Implikationen

Die Schrödinger-Gleichung hat tiefgreifende theoretische Implikationen und beeinflusst verschiedene Interpretationen und philosophische Aspekte der Quantenmechanik.

6.7.1 Wellenfunktion und Realität

Eine der zentralen Debatten in der Quantenmechanik dreht sich um die Interpretation der Wellenfunktion. Während die Kopenhagener Deutung die Wellenfunktion als Werkzeug zur Vorhersage von Messergebnissen betrachtet, behandeln andere Interpretationen, wie etwa die Viele-Welten-Interpretation, sie als reale physikalische Größe. Diese Debatte berührt grundlegende Fragen zur Natur der Realität und zur Rolle des Beobachters in der Quantenmechanik.

6.7.2 Quantenmechanik und Determinismus

Die probabilistische Natur der Schrödinger-Gleichung stellt den klassischen Begriff des Determinismus in Frage. Während die klassische Mechanik von deterministischen Bewegungsgleichungen bestimmt wird, sind die

Ergebnisse der Quantenmechanik von Natur aus probabilistisch. Dieser Wandel hat Auswirkungen auf unser Verständnis von Kausalität, freiem Willen und der Vorhersagbarkeit des Universums.

6.7.3 Das Messproblem

Das Messproblem in der Quantenmechanik ergibt sich aus dem scheinbaren Widerspruch zwischen der deterministischen Entwicklung der Wellenfunktion, wie sie in der Schrödinger-Gleichung beschrieben wird, und dem Kollaps der Wellenfunktion bei der Messung. Verschiedene Interpretationen wie die Kopenhagener Deutung, die De-Broglie-Bohm-Theorie und die Viele-Welten-Interpretation bieten unterschiedliche Perspektiven zur Lösung dieses Problems.

6.8 Technologische Anwendungen

Die Prinzipien und Lösungen der Schrödinger-Gleichung haben zu zahlreichen technologischen Fortschritten geführt.

6.8.1 Quantencomputing

Quantencomputer stützen sich bei der Durchführung von Berechnungen auf die Prinzipien der Quantenmechanik, darunter auch die Prinzipien der Schrödinger-Gleichung. Qubits, die Grundeinheiten der Quanteninformation, können in Überlagerungszuständen existieren, wodurch Quantencomputer bestimmte Probleme exponentiell schneller lösen können als klassische Computer. Quantenalgorithmen wie Shors Algorithmus zur Faktorisierung großer Zahlen und Grovers Algorithmus zur Datenbanksuche nutzen die wellenartigen Eigenschaften und Überlagerung von Quantenzuständen.

6.8.2 Quantenkryptographie

Die Quantenkryptographie nutzt die Prinzipien der Quantenmechanik, um sichere Kommunikation zu gewährleisten. Protokolle wie Quantum Key Distribution (QKD) basieren auf den Eigenschaften von Quantenzuständen, die durch die Schrödinger-Gleichung beschrieben werden, um Lauschangriffe zu erkennen und die Sicherheit kryptographischer Schlüssel zu gewährleisten. Die Verwendung verschränkter Zustände und das No-Cloning-Theorem sind für die Robustheit quantenkryptographischer Systeme von entscheidender Bedeutung.

6.8.3 Quantensensoren

Quantensensoren nutzen die Empfindlichkeit von Quantenzuständen gegenüber externen Störungen, wie sie in der Schrödinger-Gleichung beschrieben wird, um hochpräzise Messungen zu erreichen. Beispiele hierfür sind Atomuhren, die die Übergänge zwischen quantisierten Energieniveaus von Atomen nutzen, um die Zeit mit außerordentlicher Genauigkeit zu messen, und Magnetometer, die Quanteninterferenzen nutzen, um winzige Änderungen in Magnetfeldern zu erkennen.

6.9 Zukünftige Richtungen und offene Fragen

Trotz ihres Erfolgs inspiriert die Schrödinger-Gleichung weiterhin zu neuer Forschung und wirft offene Fragen auf.

6.9.1 Vereinigung von Quantenmechanik und Allgemeiner Relativitätstheorie

Eine der größten Herausforderungen der modernen Physik ist die Vereinigung der Quantenmechanik mit der allgemeinen Relativitätstheorie, Einsteins Gravitationstheorie. Die Schrödingergleichung beschreibt erfolgreich Quantenphänomene auf kleinen Skalen, während die allgemeine Relativitätstheorie die Gravitationswechselwirkungen von großräumigen Strukturen beschreibt. Die Entwicklung einer Theorie der

Quantengravitation, die die Quantenmechanik mit der allgemeinen Relativitätstheorie in Einklang bringt, ist ein laufendes Unterfangen, wobei Ansätze wie die Stringtheorie und die Schleifenquantengravitation im Vordergrund stehen. Diese Theorien zielen darauf ab, zu beschreiben, wie sich die Raumzeit selbst auf kleinsten Skalen verhält, wo Quanteneffekte nicht ignoriert werden können. Während die Schrödingergleichung das Rückgrat der Quantenmechanik bildet, bleibt ihre Integration mit der gekrümmten Raumzeit der allgemeinen Relativitätstheorie eine offene Frage, die erhebliche theoretische und experimentelle Herausforderungen mit sich bringt.

6.9.2 Quantenfeldtheorie

Die Quantenfeldtheorie (QFT) erweitert die Prinzipien der Quantenmechanik auf Felder und nicht nur auf Teilchen und verbindet die Quantenmechanik mit der speziellen Relativitätstheorie. Die Schrödinger-Gleichung findet ihr relativistisches Gegenstück in der

Dirac-Gleichung für Fermionen und der Klein-Gordon-Gleichung für Bosonen. Die QFT beschreibt erfolgreich die Teilchenphysik, einschließlich der durch die Grundkräfte vermittelten Wechselwirkungen. Die Forschung zum Verständnis der Auswirkungen der QFT und ihrer Vereinigung mit der Schwerkraft wird fortgesetzt, was möglicherweise zu einer umfassenderen Theorie von allem führen könnte.

6.9.3 Quantendekohärenz und die klassische Welt

Die Dekohärenztheorie untersucht, wie klassische Eigenschaften aus Quantensystemen durch Wechselwirkungen mit ihrer Umgebung entstehen, und erklärt damit effektiv den Übergang von Quantenüberlagerungen zu klassischen Zuständen. Das Verständnis der Dekohärenz hilft bei der Lösung des Messproblems und des scheinbaren Kollapses der Wellenfunktion und bietet Einblicke in die Grenze zwischen Quanten- und klassischem Bereich. Die Erforschung der Dekohärenz dient auch der Entwicklung von Quantentechnologien, bei denen die Aufrechterhaltung der Kohärenz für die Betriebseffizienz von entscheidender Bedeutung ist.

6.9.4 Fortschritte bei Rechenmethoden

Die rechnergestützten Methoden zur Lösung der Schrödingergleichung haben sich deutlich weiterentwickelt und ermöglichen die Simulation komplexer Quantensysteme. Techniken wie die Dichtefunktionaltheorie (DFT) und Quantum Monte Carlo (QMC) ermöglichen es Forschern, Vielteilchenprobleme und Materialeigenschaften auf Quantenebene anzugehen. Zukünftige Fortschritte bei der Rechenleistung und den Algorithmen werden unsere Fähigkeit, die Schrödingergleichung für zunehmend komplexere Systeme zu lösen, weiter verbessern und neue Wege in den Materialwissenschaften, der Chemie und der Festkörperphysik eröffnen.

6.10 Philosophische Implikationen

Die Schrödinger-Gleichung mit ihren tiefgreifenden Auswirkungen auf unser Verständnis der Realität inspiriert weiterhin philosophische Fragen.

6.10.1 Die Natur der Wirklichkeit

Die Schrödinger-Gleichung stellt klassische Vorstellungen von der Realität in Frage, indem sie einen Wahrscheinlichkeitsrahmen einführt, in dem die Ergebnisse durch eine Wellenfunktion beschrieben werden. Die Wellenfunktion selbst, ein zentrales Element der Gleichung, wirft Fragen darüber auf, ob sie eine reale physikalische Entität oder lediglich ein Werkzeug für Vorhersagen darstellt. Diese Debatte umfasst verschiedene Interpretationen der Quantenmechanik, von denen jede eine andere Perspektive auf die Natur der Realität bietet.

6.10.2 Die Rolle des Beobachters

Die Quantenmechanik und insbesondere die Schrödingergleichung versetzen den Beobachter in eine einzigartige Lage. Der Akt der Messung beeinflusst das beobachtete System und führt zum Kollaps der Wellenfunktion in einen bestimmten Zustand. Dieses Phänomen hat philosophische Auswirkungen auf das Verständnis der Natur der Beobachtung, des Bewusstseins und der Rolle des Beobachters bei der Definition der Realität.

6.10.3 Determinismus vs. Indeterminismus

Die probabilistische Natur der Schrödinger-Gleichung führt Indeterminismus auf einer fundamentalen Ebene ein, was in scharfem Kontrast zur deterministischen Weltsicht der klassischen Mechanik steht. Dieser Wandel hat erhebliche Auswirkungen auf unser Verständnis von Kausalität und freiem Willen und löst philosophische Diskussionen darüber aus, ob das Universum grundsätzlich vorhersehbar ist oder von inhärenter Zufälligkeit bestimmt wird.

Die Schrödingergleichung ist ein Eckpfeiler der Quantenmechanik und fasst die Wellennatur der Teilchen und den Wahrscheinlichkeitsrahmen der Quantenwelt zusammen. Ihre Anwendungen erstrecken sich über ein breites Spektrum von Bereichen, von der Atom- und Molekülphysik bis hin zur Festkörperphysik und darüber hinaus. Die theoretischen Implikationen der Gleichung fordern und erweitern weiterhin unser Verständnis der Realität und geben Anlass zu fortlaufender Forschung und philosophischer Untersuchung.

Bei der Erforschung der Quantenmechanik ist die Schrödingergleichung nach wie vor ein wichtiges Hilfsmittel, das uns durch das seltsame und faszinierende Verhalten subatomarer Teilchen führt. Ihre Fähigkeit, das Verhalten von Quantensystemen zu beschreiben und vorherzusagen, hat zu bahnbrechenden technologischen Fortschritten geführt und inspiriert auch künftige Generationen von Physikern und Denkern.

6.12 Zusammenfassung der wichtigsten Punkte

- Die Schrödinger-Gleichung, die 1926 von Erwin Schrödinger formuliert wurde, ist eine grundlegende Gleichung der Quantenmechanik, die die Entwicklung von Quantenzuständen beschreibt.
- Die Gleichung basiert auf Schlüsselprinzipien wie der Welle-Teilchen-Dualität, Wahrscheinlichkeitsamplituden und dem Superpositionsprinzip.
- Lösungen der Schrödinger-Gleichung für verschiedene Systeme, darunter freie Teilchen, Teilchen in einer Box und harmonische Oszillatoren, veranschaulichen die quantisierte Natur von Energieniveaus und Wellenfunktionen.
- Anwendungen in der Atom-, Molekül-, Festkörper- und Kernphysik zeigen die breite Relevanz der Schrödinger-Gleichung.
- Fortgeschrittene Themen wie die zeitabhängige Schrödingergleichung, Störungstheorie und

Streutheorie erweitern die Anwendbarkeit der Gleichung.

– Theoretische Implikationen betreffen die Interpretation der Wellenfunktion, die Natur der Realität und das Messproblem.

– Zu den technologischen Anwendungen gehören Quantencomputer, Quantenkryptographie und Quantensensoren.

- Laufende Forschung zielt darauf ab, die Quantenmechanik mit der allgemeinen Relativitätstheorie zu vereinen, die Quantenfeldtheorie voranzutreiben, die Quantendekohärenz zu verstehen und Rechenmethoden zu entwickeln.

– Die philosophischen Implikationen der Schrödinger-Gleichung provozieren Diskussionen über die Natur der Realität, die Rolle des Beobachters und das Gleichgewicht zwischen Determinismus und Indeterminismus.

Durch das Verstehen und Anwenden der Schrödinger-Gleichung gewinnen wir nicht nur tiefere Einblicke in die Quantenwelt, sondern auch eine breitere Perspektive auf die grundlegenden Prinzipien, die das Universum regieren. Während wir uns weiter in die seltsame Welt der subatomaren Teilchen vertiefen, bleibt die Schrödinger-Gleichung ein leuchtendes Vorbild, das uns den Weg zu neuen Entdeckungen und einem besseren Verständnis der Quantenwelt erhellt.

Kapitel 7: Quantentunneln

7.1 Einleitung

Quantentunneln ist eines der faszinierendsten und zugleich kontraintuitivsten Phänomene der Quantenmechanik. Es bezeichnet die Fähigkeit eines Teilchens, eine potenzielle Energiebarriere zu durchdringen, die es klassischerweise nicht überwinden können sollte. Dieses Phänomen hat tiefgreifende Auswirkungen, nicht nur auf unser Verständnis der Quantenwelt, sondern auch auf zahlreiche technologische Anwendungen, von der Funktionsweise von Halbleiterbauelementen bis hin zu den Prozessen, die die Sonne mit Energie versorgen. In diesem Kapitel werden wir die grundlegenden Prinzipien des Quantentunnelns, seine historische Entwicklung, seinen theoretischen Rahmen und seine weitreichenden Anwendungen untersuchen.

7.2 Historischer Hintergrund

7.2.1 Frühe Beobachtungen und theoretische Entwicklung

Das Konzept des Quantentunnelns entstand im frühen 20. Jahrhundert, als Wissenschaftler begannen, das seltsame Verhalten von Teilchen auf atomarer Ebene zu erforschen. 1928 entwickelten George Gamow, Ronald W. Gurney und Edward U. Condon unabhängig voneinander die Theorie des Quantentunnelns, um den Alphazerfall in radioaktiven Kernen zu erklären. Sie schlugen vor, dass Alphateilchen aus dem Kern entkommen könnten, indem sie durch die von Kernkräften erzeugte Potenzialbarriere tunneln, ein Prozess, der mit der klassischen Physik nicht erklärt werden konnte.

7.2.2 Quantenmechanik und Schrödingergleichung

Die Entwicklung der Quantenmechanik, insbesondere der Schrödinger-Gleichung, lieferte den mathematischen Rahmen zur Beschreibung des Tunneleffekts. Die Gleichung zeigte, dass Teilchen eine von Null verschiedene Wahrscheinlichkeit haben, sich auf der anderen Seite einer Potentialbarriere zu befinden, selbst wenn sie nicht genug Energie haben, um diese auf klassische Weise zu überwinden. Diese Wahrscheinlichkeitsnatur der Quantenmechanik, gepaart mit der Welle-Teilchen-Dualität, legte den Grundstein für das Verständnis des Quantentunneleffekts.

7.3 Grundlegende Prinzipien

7.3.1 Welle-Teilchen-Dualität

Der Kern des Quantentunnelns ist das Konzept des Welle-Teilchen-Dualismus, das davon ausgeht, dass Teilchen sowohl wellen- als auch teilchenartige Eigenschaften aufweisen. Wenn ein Teilchen auf eine Potentialbarriere trifft, beschreibt seine Wellenfunktion die Wahrscheinlichkeitsamplitude, das Teilchen an verschiedenen Positionen zu finden. Selbst wenn das Teilchen klassisch nicht genug Energie hat, um die Barriere zu überwinden, reicht seine Wellenfunktion in die Barriere hinein und darüber hinaus, was eine von Null verschiedene Wahrscheinlichkeit des Tunnelns ermöglicht.

7.3.2 Die Schrödingergleichung

Die Schrödingergleichung bestimmt das Verhalten von Quantensystemen und kann zur Beschreibung des Tunnelprozesses verwendet werden. Für ein Teilchen der Masse m, das auf eine eindimensionale Potentialbarriere $V(x)$ trifft, lautet die zeitunabhängige Schrödingergleichung:

$$-\frac{\hbar^2}{2m}\frac{d^2\psi(x)}{dx^2} + V(x)\psi(x) = E\psi(x)$$

wobei $\hbar$ die reduzierte Planck-Konstante, $\psi(x)$ die Wellenfunktion und E die Energie des Teilchens ist. Das Lösen dieser Gleichung für eine Potentialbarriere zeigt, dass die Wellenfunktion an der Barriere nicht abrupt auf Null abfällt, sondern exponentiell abnimmt, was die Möglichkeit des Tunnelns ermöglicht.

7.4 Theoretischer Rahmen

7.4.1 Barrierepenetration

Wenn ein Teilchen auf eine Potentialbarriere trifft, die höher ist als seine Energie, kann seine Wellenfunktion innerhalb der Barriere als abnehmende Exponentialfunktion ausgedrückt werden. Dieses Verhalten zeigt, dass die Wahrscheinlichkeit, dass das Teilchen innerhalb der Barriere gefunden wird, mit der Entfernung exponentiell abnimmt. Wenn die Barriere dünn genug ist, besteht eine erhebliche Wahrscheinlichkeit, dass das Teilchen auf der anderen Seite gefunden wird, nachdem es effektiv durch die Barriere „getunnelt" ist.

7.4.2 Transmissions- und Reflexionskoeffizienten

Beim Quantentunneln werden die Wahrscheinlichkeiten der Transmission und Reflexion durch den Transmissionskoeffizienten T bzw. den Reflexionskoeffizienten R charakterisiert. Diese Koeffizienten werden durch die Eigenschaften der Potentialbarriere und die Energie des einfallenden Teilchens bestimmt. Für eine einfache rechteckige Barriere können diese Koeffizienten berechnet werden, indem die Wellenfunktionen und ihre Ableitungen an den Grenzen der Barriere abgeglichen werden, was Einblicke in die Wahrscheinlichkeit des Tunnelns liefert.

7.4.3 Tunnelzeit

Das Konzept der Tunnelzeit – also wie lange ein Teilchen braucht, um durch eine Barriere zu tunneln – ist Gegenstand aktiver Forschung und Debatten. Verschiedene Ansätze, wie die Verweilzeit und die Phasenzeit, liefern unterschiedliche Schätzungen der Tunneldauer. Trotz der Herausforderungen bei der genauen Definition und Messung der Tunnelzeit bleibt sie ein wichtiges Konzept zum Verständnis der Dynamik des Tunnelprozesses.

7.5 Experimentelle Beobachtungen

7.5.1 Alphazerfall

Eine der frühesten und bedeutendsten Bestätigungen des Quantentunnelns war die Erklärung des Alphazerfalls in radioaktiven Kernen. Alphateilchen, bestehend aus zwei Protonen und zwei Neutronen, werden von bestimmten schweren Kernen emittiert. Der Prozess wurde als Tunneln des Alphateilchens durch die Coulomb-Barriere verstanden, die durch die Kernkräfte und die elektromagnetische Abstoßung zwischen dem positiv geladenen Kern und dem Alphateilchen entsteht. Diese Erklärung stimmte mit experimentellen Beobachtungen der Zerfallsraten überein und lieferte starke Beweise für das Tunneln.

7.5.2 Feldemissions- und Rastertunnelmikroskopie (STM)

Feldemission, die Freisetzung von Elektronen von einer Metalloberfläche unter einem starken elektrischen Feld, ist eine weitere Erscheinungsform des Quantentunnelns. Elektronen tunneln durch die Potentialbarriere an der Metalloberfläche, was selbst bei Raumtemperatur zu messbaren Strömen führt. Dieses Prinzip liegt der Funktionsweise des Rastertunnelmikroskops (STM) zugrunde, bei dem eine scharfe Metallspitze dicht an eine leitende Oberfläche herangeführt wird. Der Tunnelstrom zwischen der Spitze und der Oberfläche ermöglicht eine Auflösung der Oberflächenstruktur im atomaren Maßstab.

7.6 Technologische Anwendungen

7.6.1 Halbleiterbauelemente

Quantentunneln spielt eine entscheidende Rolle beim Betrieb verschiedener Halbleiterbauelemente. Tunneldioden beispielsweise nutzen das Tunneln, um einen negativen Differenzwiderstand zu erreichen, der schnelles Schalten und Verstärken in elektronischen Schaltkreisen ermöglicht. Metall-Oxid-Halbleiter-Feldeffekttransistoren (MOSFETs) und andere Nanotransistoren basieren ebenfalls auf Tunneleffekten, insbesondere da die Abmessungen der Bauelemente auf den Nanometerbereich schrumpfen.

7.6.2 Quantencomputing

Quanteninformatik nutzt Quantentunneln auf vielfältige Weise. Tunneln ist ein Schlüsselmechanismus beim Quanten-Annealing, einer Rechentechnik zur Lösung von Optimierungsproblemen. Quantenbits (Qubits) in bestimmten Quanteninformatikarchitekturen sind auf Tunneln angewiesen, um Superposition und Verschränkung zu erreichen, wesentliche Eigenschaften für die Quanteninformatik. Darüber hinaus sind Josephson-Kontakte, die das Tunneln zwischen Supraleitern nutzen, grundlegende Komponenten supraleitender Qubits.

7.6.3 Photovoltaikzellen

In Photovoltaikzellen wird Quantentunneln eingesetzt, um die Effizienz der Umwandlung von Sonnenlicht in Elektrizität zu steigern. Quantenpunkte und andere Nanostrukturen können so konstruiert werden, dass sie potenzielle Barrieren bilden, die das Tunneln erleichtern, die Ladungsträgertrennung verbessern und die Gesamteffizienz von Solarzellen steigern.

7.7 Theoretische Implikationen

7.7.1 Übergang vom Quanten- zum Klassik-Thema

Quantentunneln ist ein eindrucksvolles Beispiel dafür, wie die Quantenmechanik von klassischen Erwartungen abweicht. Das Phänomen veranschaulicht die Notwendigkeit eines quantenmechanischen Rahmens, um das Verhalten von Teilchen in kleinen Maßstäben genau zu beschreiben. Das Verständnis des Tunnelns vertieft unser Verständnis des Übergangs von der Quantenmechanik zur klassischen Mechanik, bei dem Quanteneffekte in größeren Maßstäben vernachlässigbar werden.

7.7.2 Quantenverschränkung und Nichtlokalität

Quantentunneln ist eng mit den Konzepten der Quantenverschränkung und Nichtlokalität verwandt. Wenn Teilchen tunneln, erstrecken sich ihre Wellenfunktionen über Raumbereiche und erzeugen Korrelationen, die mit der klassischen Physik nicht erklärt werden können. Diese Korrelationen sind wesentlich für das Verständnis der nichtlokalen Wechselwirkungen, die Phänomenen wie Verschränkung und dem EPR-Paradoxon zugrunde liegen.

7.8 Zukünftige Richtungen und Forschung

7.8.1 Nanoskalige Bauelemente

Da die Technologie immer weiter miniaturisiert wird, wird das Verständnis und die Kontrolle des Quantentunnelns immer wichtiger. Die Forschung an nanoskaligen Geräten, darunter Einzelelektronentransistoren und

Quantenpunkte, beruht in hohem Maße auf Tunnelphänomenen. Fortschritte in der Materialwissenschaft und Nanotechnologie werden die Entwicklung neuer Geräte ermöglichen, die das Tunneln zur Leistungssteigerung nutzen.

7.8.2 Quantentransport in biologischen Systemen

Quantentunneln ist nicht auf anorganische Systeme beschränkt; es spielt auch bei biologischen Prozessen eine Rolle. Enzymreaktionen, Photosynthese und Geruchssinn sind Beispiele, bei denen Tunneln zur Effizienz und Spezifität biologischer Funktionen beiträgt. Die Forschung in der Quantenbiologie versucht, die Mechanismen aufzudecken, durch die Tunneln diese Prozesse beeinflusst, was möglicherweise zu neuen biomimetischen Technologien führen könnte.

7.8.3 Tunneln in der Astrophysik

Quantentunneln hat auch Auswirkungen auf astrophysikalische Phänomene. Die Fusionsreaktionen, die Sterne, einschließlich unserer Sonne, antreiben, sind auf das Tunneln von Protonen angewiesen, damit diese die Coulomb-Barriere überwinden und miteinander verschmelzen können. Das Verständnis des Tunnelns in diesen extremen Umgebungen kann Einblicke in die Sternentwicklung und Nukleosynthese liefern.

7.9 Philosophische Implikationen

7.9.1 Die Natur der Wirklichkeit

Quantentunneln stellt klassische Vorstellungen von der Realität in Frage, indem es Teilchen ermöglicht, klassisch verbotene Bereiche zu durchqueren. Dieses Phänomen wirft Fragen über die deterministische Natur physikalischer Gesetze und die Grenzen des menschlichen Verständnisses auf. Die probabilistische Natur der Quantenmechanik, wie sie am Beispiel des Tunnelns dargestellt wird, deutet auf einen grundlegenden Indeterminismus im Verhalten von Teilchen hin.

7.9.2 Die Rolle der Messung

Der Messvorgang in der Quantenmechanik und seine Auswirkungen auf den Zustand eines Systems sind ein zentrales philosophisches Thema. Quantentunneln unterstreicht wie andere Quantenphänomene die Bedeutung des Beobachters und des Messvorgangs. Der Kollaps der Wellenfunktion bei der Messung und die daraus resultierende Bestimmung, ob ein Teilchen getunnelt hat, ist weiterhin Gegenstand von Debatten und Interpretationen.

Der Quantentunneleffekt ist ein bemerkenswerter Beweis für die nicht-intuitive Natur der Quantenmechanik. Von seiner frühen theoretischen Entwicklung bis zu seinen zahlreichen experimentellen Bestätigungen und technologischen Anwendungen hat der Tunneleffekt unser Verständnis der Quantenwelt neu geformt. Sein Einfluss erstreckt sich über eine Vielzahl wissenschaftlicher und technologischer Felder und zeigt die enge Verflechtung von Theorie und Anwendung in der Quantenmechanik.

Kapitel 8: Die Kopenhagener Deutung

8.1 Einleitung

Die Kopenhagener Deutung ist vielleicht die am häufigsten gelehrte und diskutierte Interpretation der Quantenmechanik. Sie wurde in den 1920er

Jahren hauptsächlich von Niels Bohr und Werner Heisenberg entwickelt und hat unser Verständnis der Quantenwelt grundlegend geprägt. Die Kopenhagener Deutung bietet einen Rahmen zum Verständnis der Quantenmechanik, der die Wahrscheinlichkeitsnatur von Quantenereignissen und die wesentliche Rolle der Messung betont. In diesem Kapitel werden wir uns mit dem historischen Kontext, den grundlegenden Prinzipien, den Schlüsselkomponenten und den philosophischen Implikationen der Kopenhagener Deutung sowie ihren Anwendungen und den Debatten befassen, die sie ausgelöst hat.

8.2 Historischer Kontext

8.2.1 Entwicklung der Quantenmechanik

Das frühe 20. Jahrhundert war eine Zeit intensiver Entwicklung in der Physik, geprägt von bahnbrechenden Entdeckungen, die die klassische Mechanik in Frage stellten. Max Plancks Einführung der Quantenhypothese im

Jahr 1900 zur Erklärung der Schwarzkörperstrahlung legte den Grundstein für die Quantenmechanik. Albert Einsteins Erklärung des photoelektrischen Effekts im Jahr 1905 unterstrich die Notwendigkeit eines neuen theoretischen Rahmens noch weiter.

In den 1920er Jahren arbeiteten mehrere Schlüsselfiguren, darunter Niels Bohr, Werner Heisenberg, Erwin Schrödinger und Paul Dirac, an der Entwicklung einer kohärenten Theorie der Quantenmechanik. Die Kopenhagener Deutung entwickelte sich in dieser Zeit zu einer führenden Sichtweise, vor allem durch die Zusammenarbeit von Bohr und Heisenberg.

8.2.2 Wichtige Mitwirkende

- **Niels Bohr:** Bohrs Beiträge zum Verständnis der Atomstruktur und der Quantentheorie waren von entscheidender Bedeutung. Sein Prinzip der Komplementarität, das besagt, dass Objekte je nach Versuchsaufbau partikel- oder wellenartiges Verhalten aufweisen

können, ist für die Kopenhagener Deutung von zentraler Bedeutung.
- **Werner Heisenberg:** Heisenberg formulierte die Matrizenmechanik, eine der ersten vollständigen Formulierungen der Quantenmechanik. Sein Unschärfeprinzip, das die Grenzen der Genauigkeit bei der gleichzeitigen Messung bestimmter Eigenschaftspaare (wie Position und Impuls) quantifiziert, ist ein Eckpfeiler der Kopenhagener Deutung.
- **Max Born:** Borns probabilistische Interpretation der Wellenfunktion, die davon ausgeht, dass das Quadrat der Amplitude der Wellenfunktion eine Wahrscheinlichkeitsdichte darstellt, war für die Kopenhagener Deutung von entscheidender Bedeutung.

8.3 Grundlegende Prinzipien

Die Kopenhagener Deutung zeichnet sich durch mehrere Grundprinzipien aus, die sie von anderen Interpretationen der Quantenmechanik unterscheiden. Diese Prinzipien befassen sich mit der Natur von Quantenzuständen, der Rolle der Messung und der Beziehung zwischen klassischen und Quantenbeschreibungen der Realität.

8.3.1 Wellenfunktion und Wahrscheinlichkeit

Das Herzstück der Kopenhagener Deutung ist die Wellenfunktion, die üblicherweise durch den griechischen Buchstaben psi (ψ) dargestellt wird. Die Wellenfunktion enthält alle Informationen über ein Quantensystem und entwickelt sich deterministisch gemäß der Schrödingergleichung. Die Interpretation der Wellenfunktion ist jedoch probabilistisch.

Max Born schlug vor, dass das Quadrat der Amplitude der Wellenfunktion, $|\psi|^2$, die Wahrscheinlichkeitsdichte darstellt, ein Teilchen in einem bestimmten Zustand zu finden. Diese probabilistische Interpretation steht in scharfem Kontrast zur deterministischen Natur der klassischen Mechanik, bei der der zukünftige Zustand eines Systems anhand seiner

Anfangsbedingungen präzise vorhergesagt werden kann.

$$P(x,t) = |\psi(x,t)|^2$$

8.3.2 Komplementarität

Bohrs Komplementaritätsprinzip ist ein grundlegendes Konzept der Kopenhagener Deutung. Es besagt, dass die Wellen- und Teilchenaspekte von Quantenobjekten komplementär sind, was bedeutet, dass sie unterschiedliche, aber gleichermaßen notwendige Beschreibungen der Realität liefern. Je nach Versuchsaufbau kann ein Objekt entweder wellen- oder partikelartiges Verhalten aufweisen, aber nie beides gleichzeitig.

Dieses Prinzip wird durch das berühmte Doppelspaltexperiment veranschaulicht, bei dem Teilchen wie Elektronen bei Nichtbeobachten ein Interferenzmuster (ein Hinweis auf Wellenverhalten) erzeugen, bei Beobachtung jedoch als diskrete Teilchen erscheinen. Komplementarität bedeutet, dass die Art des Versuchsaufbaus bestimmt, welcher Aspekt des Quantenobjekts enthüllt wird.

8.3.3 Die Rolle der Messung

Die Kopenhagener Deutung legt großen Wert auf die Rolle der Messung in der Quantenmechanik. Nach dieser Auffassung existiert ein Quantensystem in einer Überlagerung von Zuständen, die durch seine Wellenfunktion beschrieben werden, bis eine Messung durchgeführt wird. Der Messvorgang führt dazu, dass die Wellenfunktion zu einem bestimmten Eigenzustand „kollabiert", der dem beobachteten Wert entspricht.

Dieser Prozess des Kollapses der Wellenfunktion ist von Natur aus probabilistisch. Vor der Messung wird das System durch eine Überlagerung aller möglichen

Zustände beschrieben. Die Wahrscheinlichkeit, dass das System bei der Messung in einen bestimmten Zustand kollabiert, ist gegeben durch das Quadrat der Amplitude der Wellenfunktion für diesen Zustand.

8.4 Schlüsselkomponenten

8.4.1 Die Schrödingergleichung

Die zeitabhängige Schrödinger-Gleichung ist die grundlegende Gleichung für die Entwicklung der Wellenfunktion in der Quantenmechanik:

$$i\hbar \frac{\partial \psi}{\partial t} = \hat{H}\psi$$

wobei i die imaginäre Einheit, $\hbar$ die reduzierte Planck-Konstante, ψ die Wellenfunktion und $\hat{H}$ der Hamilton-Operator ist, der die Gesamtenergie des Systems darstellt. Diese Gleichung ist deterministisch, was bedeutet, dass die Schrödinger-Gleichung bei einer gegebenen anfänglichen Wellenfunktion deren zukünftige Entwicklung präzise vorhersagt.

Allerdings steht die deterministische Entwicklung der Wellenfunktion im Widerspruch zum probabilistischen Charakter der Messergebnisse, was einen zentralen Aspekt der Kopenhagener Deutung verdeutlicht: die duale Natur von Determinismus und Wahrscheinlichkeit in der Quantenmechanik.

8.4.2 Heisenbergsche Unschärferelation

Heisenbergs Unschärferelation ist ein zentrales Merkmal der Kopenhagener Deutung. Sie besagt, dass es eine grundlegende Grenze für die Genauigkeit gibt, mit der bestimmte Eigenschaftspaare (wie Position und Impuls) gleichzeitig bekannt sein können. Das Prinzip wird mathematisch wie folgt ausgedrückt:

$$\Delta x \Delta p \geq \frac{\hbar}{2}$$

wobei \(\Delta x\) die Unsicherheit der Position, \(\Delta p\) die Unsicherheit des Impulses und \(\hbar\) die reduzierte Planck-Konstante ist. Dieses Prinzip unterstreicht die inhärenten Einschränkungen bei der Messung von Quantensystemen und stellt den klassischen Begriff des Determinismus in Frage.

8.4.3 Bohrs Korrespondenzprinzip

Bohrs Korrespondenzprinzip besagt, dass das Verhalten von Quantensystemen im Grenzfall großer Quantenzahlen oder hoher Energien mit der klassischen Physik übereinstimmen muss. Dieses Prinzip stellt sicher, dass die Quantenmechanik mit der klassischen Mechanik übereinstimmt, wenn deren Gültigkeit bewiesen wurde, und sorgt so für einen reibungslosen Übergang zwischen den beiden Theorien.

8.5 Philosophische Implikationen

8.5.1 Realität und Objektivität

Die Kopenhagener Deutung hat tiefgreifende Auswirkungen auf unser Verständnis von Realität und Objektivität. In der klassischen Mechanik haben physikalische Systeme bestimmte Eigenschaften, die unabhängig von der Beobachtung existieren. Im Gegensatz dazu geht die Kopenhagener Deutung davon aus, dass Quantensysteme keine bestimmten Eigenschaften besitzen, bis sie gemessen werden. Dieser Standpunkt stellt die klassische Vorstellung einer objektiven Realität in Frage und impliziert, dass der Beobachter eine entscheidende Rolle bei der Definition des Zustands eines Quantensystems spielt.

8.5.2 Determinismus vs. Probabilismus

Einer der bedeutendsten philosophischen Umschwünge, die die Kopenhagener Deutung mit sich brachte, ist der Übergang vom Determinismus zum Probabilismus. In der klassischen Mechanik lässt sich das zukünftige Verhalten eines Systems unter Berücksichtigung seiner Anfangsbedingungen präzise vorhersagen. In der Quantenmechanik hingegen lassen sich nur die Wahrscheinlichkeiten verschiedener Ergebnisse vorhersagen. Dieser Wandel hat zu anhaltenden Debatten über die Natur der Kausalität und die Grenzen des menschlichen Wissens geführt.

8.6 Anwendungen und experimentelle Bestätigungen

8.6.1 Doppelspaltexperiment

Das Doppelspaltexperiment ist ein Eckpfeiler der Quantenmechanik und veranschaulicht anschaulich die Prinzipien der Kopenhagener Deutung. Wenn Teilchen wie Elektronen auf eine Barriere mit zwei Spalten geschossen werden und keine Messung durchgeführt wird, um festzustellen, durch welchen Spalt die

Teilchen hindurchgehen, erzeugen sie auf einem Detektorschirm ein Interferenzmuster, das auf wellenartiges Verhalten hinweist. Wenn jedoch eine Messung durchgeführt wird, um den Weg der Teilchen zu bestimmen, verschwindet das Interferenzmuster und die Teilchen verhalten sich wie klassische Teilchen.

Dieses Experiment veranschaulicht das Prinzip der Komplementarität und die Rolle von Messungen bei der Bestimmung des Verhaltens von Quantensystemen. Es unterstreicht auch die Wahrscheinlichkeitsnatur der Quantenmechanik, da der genaue Weg jedes Teilchens nicht vorhergesagt werden kann, sondern nur die Wahrscheinlichkeitsverteilung möglicher Wege.

8.6.2 Quanten-Radiergummi-Experiment

Das Quantenlöschexperiment, eine Variante des Doppelspaltexperiments, untersucht die Rolle der Messung und das Konzept des Kollapses der Wellenfunktion noch genauer. Bei diesem Experiment werden zunächst Informationen über den Weg gewonnen, dann aber „gelöscht", bevor die Teilchen den Detektor erreichen. Bemerkenswerterweise taucht das Interferenzmuster erneut auf, was darauf hindeutet, dass der Vorgang der Messung und die Verfügbarkeit von Informationen über den Weg das Verhalten von Quantensystemen grundlegend beeinflussen.

8.6.3 Bell'scher Satz und Experimente

Bells Theorem und nachfolgende Experimente, wie sie beispielsweise in den 1980er Jahren von Alain Aspect durchgeführt wurden, testen die Prinzipien des lokalen Realismus und die Vorhersagen der Quantenmechanik. Bells Theorem zeigt, dass keine lokale Theorie verborgener Variablen alle Vorhersagen der Quantenmechanik reproduzieren kann. Experimente zur Prüfung von Bells Ungleichungen haben die Vorhersagen der Quantenmechanik und der Kopenhagener Deutung durchweg bestätigt und die nichtlokalen Korrelationen zwischen verschränkten Teilchen nachgewiesen.

8.7 Debatten und Kritik

8.7.1 Einsteins Einwände

Albert Einstein war einer der lautstärksten Kritiker der Kopenhagener Deutung. Er sagte bekanntlich: „Gott würfelt nicht mit dem Universum", und drückte damit sein Unbehagen gegenüber der Wahrscheinlichkeitsnatur der Quantenmechanik aus. Einstein schlug 1935 zusammen mit Boris Podolsky und Nathan Rosen das EPR-Paradoxon vor, um zu argumentieren, dass die Quantenmechanik unvollständig sei, und schlug vor, dass zusätzliche verborgene Variablen existieren könnten, um Determinismus und Lokalität wiederherzustellen.

8.7.2 Das Messproblem

Das Messproblem ist ein zentrales Thema der Kopenhagener Deutung. Es geht um die Frage, wie und warum die Wellenfunktion während der Messung kollabiert und von einer Überlagerung von Zuständen in einen einzigen bestimmten Zustand übergeht. Obwohl die Kopenhagener Deutung einen praktischen Rahmen zum Verständnis der Quantenmechanik bietet, bietet sie keinen detaillierten Mechanismus für den Kollaps der Wellenfunktion. Dieser Mangel an Erklärung hat zu verschiedenen alternativen Interpretationen und anhaltenden Debatten auf dem Gebiet der Quantenmechanik geführt.

8.7.3 Schrödingers Katze

Erwin Schrödingers Gedankenexperiment mit der Katze ist eine der berühmtesten Illustrationen der Paradoxien der Kopenhagener Deutung. In diesem Gedankenexperiment wird eine Katze in eine versiegelte Kiste mit einem radioaktiven Atom, einem Geigerzähler und einem Fläschchen Gift gesetzt. Wenn der Geigerzähler Strahlung erkennt (aufgrund des

Zerfalls des Atoms), löst er die Freisetzung des Giftes aus und tötet die Katze. Laut der Kopenhagener Deutung ist die Katze gleichzeitig lebendig und tot und befindet sich in einer Überlagerung von Zuständen, bis die Kiste geöffnet und eine Beobachtung gemacht wird. Dieses Paradoxon unterstreicht die seltsame und kontraintuitive Natur der Quantenmechanik und wirft Fragen über die Rolle des Beobachters und die Natur der Realität auf.

8.8 Alternative Interpretationen

Die Kopenhagener Deutung ist nach wie vor eine der am weitesten akzeptierten Interpretationen, doch mehrere alternative Interpretationen versuchen, ihre wahrgenommenen Mängel zu beheben, insbesondere das Messproblem und die Natur des Kollapses der Wellenfunktion.

8.8.1 Viele-Welten-Interpretation

Die Viele-Welten-Interpretation (MWI), die 1957 von Hugh Everett vorgeschlagen wurde, geht davon aus, dass alle möglichen Ergebnisse von Quantenmessungen tatsächlich auftreten, jedoch in getrennten, verzweigten Universen. Bei dieser Interpretation kollabiert die Wellenfunktion nie; stattdessen spaltet sich das Universum in mehrere, nicht miteinander interagierende Zweige auf, von denen jeder ein anderes Ergebnis darstellt. Diese Interpretation macht den Kollaps der Wellenfunktion überflüssig und bietet einen deterministischen Rahmen, bringt jedoch ihre eigenen philosophischen und konzeptionellen Herausforderungen mit sich, insbesondere in Bezug auf die Natur und Existenz dieser Parallelwelten.

8.8.2 De-Broglie-Bohm-Theorie

Die De-Broglie-Bohm-Theorie, auch bekannt als Pilotwellentheorie oder Bohmsche Mechanik, ist eine deterministische Interpretation der Quantenmechanik. Diese Theorie wurde 1927 von Louis de Broglie vorgeschlagen und später von David Bohm weiterentwickelt. Sie führt verborgene Variablen ein, die das Verhalten von Teilchen steuern. In diesem Rahmen haben Teilchen zu jeder Zeit bestimmte Positionen und Impulse, und ihre Flugbahnen werden von einer Führungswelle (der Wellenfunktion) beeinflusst. Diese Interpretation stellt den Determinismus wieder her und liefert ein klareres ontologisches Bild, wird jedoch aufgrund ihrer nichtlokalen Natur und der Einführung verborgener Variablen weniger allgemein akzeptiert.

8.8.3 Objektive Kollapstheorien

Objektive Kollapstheorien gehen davon aus, dass der Kollaps der Wellenfunktion ein realer, physikalischer Prozess ist, der spontan und unabhängig von der Beobachtung auftritt. Eine solche Theorie ist die Ghirardi-Rimini-Weber-Theorie (GRW), die davon ausgeht, dass Wellenfunktionen in zufälligen Abständen spontane Lokalisierungsereignisse durchlaufen. Diese Theorien zielen darauf ab, das

Messproblem zu lösen, indem sie einen Mechanismus für den Kollaps der Wellenfunktion bereitstellen, stehen jedoch häufig vor der Herausforderung, die Konsistenz mit experimentellen Ergebnissen aufrechtzuerhalten und die genaue Natur des Kollapsvorgangs zu erklären.

8.9 Praktische Implikationen und Anwendungen

Trotz der philosophischen Debatten bietet die Kopenhagener Deutung einen robusten Rahmen für die praktische Anwendung der Quantenmechanik. Ihre Prinzipien werden in verschiedenen Bereichen eingesetzt, von der Grundlagenphysik bis hin zur Spitzentechnologie.

8.9.1 Quantencomputing

Quantencomputer nutzen die Prinzipien der Quantenüberlagerung und -verschränkung, um Berechnungen durchzuführen, die für klassische

Computer nicht durchführbar wären. Quantenbits oder Qubits können in Überlagerungen von Zuständen existieren, wodurch Quantencomputer eine große Zahl von Möglichkeiten gleichzeitig verarbeiten können. Die Betonung von Messungen und Wahrscheinlichkeitsergebnissen durch die Kopenhagener Interpretation ist für die Funktionsweise und das Verständnis von Quantenalgorithmen und Fehlerkorrekturtechniken von zentraler Bedeutung.

8.9.2 Quantenkryptographie

Die Quantenkryptographie nutzt die Prinzipien der Quantenmechanik, um sichere Kommunikationskanäle zu schaffen. Eine der bekanntesten Anwendungen ist die Quantenschlüsselverteilung (Quantum Key Distribution, QKD), wie etwa das BB84-Protokoll, das dafür sorgt, dass jeder Versuch, die Kommunikation abzuhören, die beteiligten Quantenzustände verändert und so die

Anwesenheit des Lauschers enthüllt. Das Verständnis der Kopenhagener Deutung von Messung und Wellenfunktionskollaps ist entscheidend für die Sicherheit und Zuverlässigkeit quantenkryptographischer Protokolle.

8.9.3 Quantenteleportation

Quantenteleportation ist ein Prozess, bei dem der Quantenzustand eines Teilchens mithilfe von Verschränkung und klassischer Kommunikation von einem Ort zum anderen übertragen wird. Bei diesem Prozess handelt es sich nicht um die physische Übertragung von Teilchen, sondern um die Übertragung von Informationen über ihre Quantenzustände. Die Kopenhagener Deutung liefert die theoretische Grundlage für das Verständnis der Rolle von Verschränkung und Messung in diesem Prozess, der potenzielle Anwendungen in der Quantenkommunikation und Informationsverarbeitung hat.

8.10 Die Zukunft der Kopenhagener Deutung

Während sich unser Verständnis der Quantenmechanik weiterentwickelt, bleibt die Kopenhagener Deutung ein Eckpfeiler dieses Fachgebiets. Laufende Forschung und neue experimentelle Techniken könnten jedoch tiefere Einblicke in die Natur von Quantensystemen und den Messvorgang liefern.

8.10.1 Fortschritte in der Quantentechnologie

Fortschritte in der Quantentechnologie, wie verbesserte Quantencomputer, empfindlichere Quantensensoren und neue Methoden zur Manipulation und Messung von Quantensystemen, werden die Prinzipien der Kopenhagener Deutung weiterhin auf die Probe stellen. Diese Technologien könnten neue Aspekte der Quantenmechanik aufdecken und bestehende Interpretationen in Frage stellen, was zu einem umfassenderen Verständnis der Quantenwelt führen könnte.

8.10.2 Experimentelle Untersuchungen

Neue experimentelle Tests, insbesondere solche, die Verschränkung, Dekohärenz und die Grenzen der Quantenmechanik betreffen, werden entscheidende Daten zur Bewertung der Gültigkeit der Kopenhagener Deutung und ihrer Alternativen liefern. Präzisionsmessungen und neuartige Versuchsaufbauten könnten Phänomene aufdecken, die eine Überarbeitung unserer aktuellen theoretischen Rahmenbedingungen oder die Entwicklung völlig neuer Interpretationen erfordern.

8.10.3 Philosophische und theoretische Entwicklungen

Die philosophische und theoretische Erforschung der Quantenmechanik wird auch weiterhin ein spannendes Forschungsgebiet bleiben. Diskussionen über die Natur der Realität, die Rolle des Beobachters und die Interpretation von Quantenphänomenen werden die zukünftige Richtung der Quantentheorie prägen. Die Kopenhagener Deutung wird in diesen Debatten ein wichtiger Bezugspunkt bleiben und die Entwicklung neuer Ideen und Interpretationen beeinflussen.

Die Kopenhagener Deutung der Quantenmechanik hat unser Verständnis der Quantenwelt maßgeblich geprägt. Ihre Betonung der Wahrscheinlichkeitsnatur von Quantenereignissen, der Rolle der Messung und des Prinzips der Komplementarität bietet einen kohärenten und praktischen Rahmen für die Interpretation von Quantenphänomenen. Obwohl sie erhebliche Debatten ausgelöst und Kritik ausgesetzt war, bleibt sie eine der einflussreichsten und am weitesten verbreiteten Interpretationen der Quantenmechanik.

Von ihrer historischen Entwicklung über die Beiträge bedeutender Persönlichkeiten wie Niels Bohr und Werner Heisenberg bis hin zu ihren grundlegenden Prinzipien und philosophischen Implikationen hat die Kopenhagener Deutung sowohl die theoretische als auch die angewandte Physik tiefgreifend beeinflusst. Ihre Prinzipien sind für das Verständnis und die Nutzung fortschrittlicher Technologien wie Quantencomputer, Kryptographie und Teleportation von entscheidender Bedeutung.

Kapitel 9: Das Quantenmessproblem

9.1 Einleitung

Das Quantenmessproblem ist der Kern der konzeptionellen Herausforderungen der

Quantenmechanik. Trotz der Vorhersagekraft und des empirischen Erfolgs der Theorie bleibt der Prozess, durch den die Wellenfunktion eines Quantensystems während der Messung kollabiert, ein tiefes Rätsel. Dieses Kapitel befasst sich mit den Feinheiten des Quantenmessproblems und untersucht seine historische Entwicklung, die mathematischen und philosophischen Grundlagen, verschiedene Interpretationen und Lösungsvorschläge sowie die Auswirkungen auf unser Verständnis der Realität.

9.2 Historischer Hintergrund

9.2.1 Frühe Entwicklungen der Quantentheorie

Das frühe 20. Jahrhundert war mit der Entwicklung der Quantentheorie von revolutionären Veränderungen in der Physik geprägt. Schlüsselfiguren wie Max Planck, Albert Einstein, Niels Bohr und Werner Heisenberg legten den Grundstein für die Quantenmechanik. Plancks Einführung quantisierter Energieniveaus zur Erklärung der Schwarzkörperstrahlung und Einsteins Erklärung des photoelektrischen Effekts machten deutlich, dass ein neuer theoretischer Rahmen erforderlich war.

9.2.2 Die Formulierung der Quantenmechanik

Die Quantenmechanik wurde durch zwei grundlegende Ansätze formuliert: Matrizenmechanik von Heisenberg und Wellenmechanik von Schrödinger. Diese Formulierungen wurden später von Paul Dirac und John von Neumann vereinheitlicht. Die von Schrödinger eingeführte Wellenfunktion (ψ) wurde zu einem zentralen Konzept, das alle Informationen über ein Quantensystem zusammenfasste. Die Interpretation der Wellenfunktion und die Art ihres Kollapses während der Messung stellten jedoch erhebliche Herausforderungen dar.

9.3 Das Messproblem

9.3.1 Wellenfunktion und Superposition

In der Quantenmechanik wird der Zustand eines Systems durch eine Wellenfunktion \(\psi\) beschrieben, die sich deterministisch gemäß der Schrödinger-Gleichung entwickelt:

$$i\hbar\frac{\partial \psi}{\partial t} = \hat{H}\psi$$

wobei \(i\) die imaginäre Einheit, \(\hbar\) die reduzierte Planck-Konstante und \(\hat{H}\) der Hamilton-Operator ist. Die Wellenfunktion kann in einer Überlagerung von Zuständen existieren, was bedeutet, dass ein Quantensystem sich gleichzeitig in mehreren Zuständen befinden kann, bis eine Messung durchgeführt wird.

9.3.2 Kollaps der Wellenfunktion

Das Messproblem ergibt sich aus der Diskrepanz zwischen der deterministischen Entwicklung der Wellenfunktion und der Wahrscheinlichkeitsnatur der Messergebnisse. Bei der Messung scheint die Wellenfunktion in einen einzigen Eigenzustand zu kollabieren, der dem beobachteten Wert entspricht. Der Prozess des Kollapses der Wellenfunktion wird nicht durch die Schrödingergleichung beschrieben, was zu der Frage führt: Wie und warum tritt dieser Kollaps auf?

9.4 Die von Neumann-Messtheorie

John von Neumann lieferte in seinem 1932 erschienenen Buch „Mathematical Foundations of Quantum Mechanics" einen mathematischen Rahmen für den Messvorgang in der Quantenmechanik. Er führte das Konzept des Messgeräts und dessen Wechselwirkung mit dem Quantensystem ein.

9.4.1 Messkette

Von Neumanns Theorie geht davon aus, dass bei Messungen eine Kette von Wechselwirkungen zwischen dem Quantensystem, dem Messgerät und dem Beobachter stattfindet. Die Wellenfunktion des Quantensystems verschränkt sich mit dem Zustand des Messgeräts, was zu einer Überlagerung möglicher Ergebnisse führt.

9.4.2 Projektionspostulat

Von Neumann führte das Projektionspostulat ein, das besagt, dass die Wellenfunktion bei der Messung in einen Eigenzustand der zu messenden Observablen kollabiert. Dieses Postulat formalisiert den Kollapsprozess mathematisch, erklärt aber nicht den zugrunde liegenden Mechanismus, sodass das Messproblem ungelöst bleibt.

9.5 Interpretationen und Lösungsvorschläge

Zur Lösung des Messproblems wurden verschiedene Interpretationen der Quantenmechanik vorgeschlagen. Jede davon bietet eine andere Perspektive auf die Natur des Kollapses der Wellenfunktion und die Rolle des Beobachters.

9.5.1 Kopenhagener Deutung

Die Kopenhagener Deutung, die vor allem von Niels Bohr und Werner Heisenberg entwickelt wurde, betont die Rolle der Messung bei der Definition der Eigenschaften eines Quantensystems. Dieser Ansicht zufolge existiert ein Quantensystem in einer Überlagerung von Zuständen, bis es gemessen wird. An diesem Punkt kollabiert die Wellenfunktion zu einem einzigen Ergebnis. Der Vorgang der Messung ist grundsätzlich probabilistisch und kann nicht deterministisch vorhergesagt werden.

9.5.2 Viele-Welten-Interpretation

Die Viele-Welten-Interpretation (MWI) wurde 1957 von Hugh Everett vorgeschlagen und geht davon aus, dass alle möglichen Ergebnisse einer

Quantenmessung tatsächlich auftreten, jedes in einem separaten, verzweigten Universum. In dieser Interpretation kollabiert die Wellenfunktion nie; stattdessen spaltet sich das Universum in mehrere Zweige auf. MWI macht den Kollaps der Wellenfunktion überflüssig und bietet einen deterministischen Rahmen, wirft jedoch Fragen über die Natur und Existenz dieser Parallelwelten auf.

9.5.3 De-Broglie-Bohm-Theorie

Die De-Broglie-Bohm-Theorie, auch bekannt als Pilotwellentheorie oder Bohmsche Mechanik, führt verborgene Variablen ein, um den Determinismus in der Quantenmechanik wiederherzustellen. In dieser Interpretation haben Teilchen zu jeder Zeit bestimmte Positionen und Impulse, die von einer Pilotwelle (der Wellenfunktion) geleitet werden. Diese Theorie liefert ein klares ontologisches Bild, wird jedoch aufgrund ihrer nichtlokalen Natur und der Einführung verborgener Variablen weniger allgemein akzeptiert.

9.5.4 Objektive Kollapstheorien

Objektive Kollapstheorien gehen davon aus, dass der Kollaps der Wellenfunktion ein realer, physikalischer Prozess ist, der spontan und unabhängig von der Beobachtung auftritt. Eine solche Theorie ist die Ghirardi-Rimini-Weber-Theorie (GRW), die davon ausgeht, dass Wellenfunktionen in zufälligen Abständen spontane Lokalisierungsereignisse durchlaufen. Diese Theorien zielen darauf ab, das Messproblem zu lösen, indem sie einen Mechanismus für den Kollaps der Wellenfunktion bereitstellen. Es ist jedoch schwierig, die Konsistenz mit experimentellen Ergebnissen aufrechtzuerhalten und die genaue Natur des Kollapsvorgangs zu erklären.

9.6 Dekohärenz

Dekohärenz ist ein Phänomen, das beim Verständnis des Messproblems eine bedeutende Rolle spielt. Es gibt Aufschluss darüber, wie klassisches Verhalten aus Quantensystemen entsteht.

9.6.1 Interaktion mit der Umwelt

Dekohärenz tritt auf, wenn ein Quantensystem mit seiner Umgebung interagiert und die Überlagerung von Zuständen mit den Zuständen der Umgebung verschränkt wird. Diese Interaktion „dekohärent" das Quantensystem und führt zum Auftreten klassischen Verhaltens.

9.6.2 Verlust der Kohärenz

Da das System mit der Umgebung interagiert, geht die Kohärenz zwischen den Komponenten der Superposition verloren. Die nichtdiagonalen Elemente der Dichtematrix des Systems, die die Quantenkohärenz darstellen, zerfallen schnell. Dieser Prozess kann durch die Dichtematrix ρ beschrieben werden:

$$\rho = \sum_i p_i |\psi_i\rangle\langle\psi_i|$$

wobei p_i die Wahrscheinlichkeiten der verschiedenen Zustände $|\psi_i\rangle$ sind. Dekohärenz löst das Messproblem nicht, bietet aber einen Mechanismus für die Entstehung der Klassizität.

9.7 Quantenmessung in der Praxis

9.7.1 Quantencomputing

Quanteninformatik beruht bei der Durchführung von Berechnungen auf den Prinzipien der Überlagerung und Verschränkung. Der Messvorgang ist bei der Quanteninformatik von entscheidender Bedeutung, da er die Überlagerung der Qubits auflöst, um das Rechenergebnis zu erhalten. Das Verständnis und die Kontrolle des Messvorgangs sind für die

Entwicklung effizienter Quantenalgorithmen und Fehlerkorrekturtechniken von entscheidender Bedeutung.

9.7.2 Quantenkryptographie

In der Quantenkryptographie spielen Messungen eine entscheidende Rolle, um die Sicherheit von Kommunikationsprotokollen zu gewährleisten. Quantum Key Distribution (QKD)-Protokolle wie das BB84-Protokoll verwenden die Prinzipien der Quantenmechanik, um Lauschangriffe zu erkennen. Jeder Versuch, die im Protokoll enthaltenen Quantenzustände zu messen, stört diese und verrät so die Anwesenheit eines Lauschers.

9.7.3 Quantensensoren

Quantensensoren nutzen die Empfindlichkeit von Quantensystemen gegenüber externen Störungen, um hochpräzise Messungen zu erreichen. Diese Sensoren basieren häufig auf den Prinzipien der Überlagerung und

Verschränkung. Genaue Messtechniken sind für die Leistung von Quantensensoren in Anwendungen wie der Gravitationswellenerkennung und der Präzisionsnavigation von entscheidender Bedeutung.

9.8 Philosophische Implikationen

9.8.1 Realität und Objektivität

Das Quantenmessproblem wirft tiefgreifende Fragen über die Natur der Realität und Objektivität auf. In der klassischen Mechanik haben physikalische Systeme bestimmte Eigenschaften, die unabhängig von der Beobachtung existieren. Im Gegensatz dazu legt das Quantenmessproblem nahe, dass Quantensysteme keine bestimmten Eigenschaften besitzen, bis sie gemessen werden, was die klassische Vorstellung einer objektiven Realität in Frage stellt.

9.8.2 Determinismus vs. Probabilismus

Der Wechsel vom Determinismus zum Probabilismus in der Quantenmechanik hat bedeutende philosophische Auswirkungen. In der klassischen Mechanik kann das zukünftige Verhalten eines Systems unter Berücksichtigung seiner Anfangsbedingungen präzise vorhergesagt werden. In der Quantenmechanik können nur die Wahrscheinlichkeiten verschiedener Ergebnisse vorhergesagt werden. Dieser Wechsel hat zu anhaltenden Debatten über die Natur der Kausalität und die Grenzen des menschlichen Wissens geführt.

9.9 Experimentelle Untersuchungen

9.9.1 Bell'scher Satz und Experimente

Der Bellsche Satz, der 1964 von John Bell formuliert wurde, bietet einen überprüfbaren Unterschied zwischen der Quantenmechanik und Theorien mit lokalen verborgenen Variablen. Bellsche Ungleichungen schränken die Korrelationen zwischen Messungen an verschränkten Teilchen ein. Experimente zur Prüfung der Bellschen Ungleichungen, wie sie beispielsweise in den 1980er Jahren von Alain Aspect durchgeführt wurden, haben die Vorhersagen der Quantenmechanik und der Kopenhagener Deutung stets bestätigt und die nichtlokalen Korrelationen zwischen verschränkten Teilchen nachgewiesen.

9.9.2 Quanten-Radiergummi-Experiment

Das Quantenlöschexperiment, eine Variante des Doppelspaltexperiments, untersucht die Rolle der Messung und das Konzept des Kollapses der Wellenfunktion. In diesem Experiment werden zunächst Informationen über den Weg gewonnen, dann aber „gelöscht", bevor die Teilchen den Detektor erreichen. Bemerkenswerterweise taucht das Interferenzmuster erneut auf, was darauf hindeutet, dass der Vorgang der Messung und die Verfügbarkeit von Informationen über den Weg das Verhalten von Quantensystemen grundlegend beeinflussen.

9.9.3 Schwache Messungen

Schwache Messungen bieten eine Möglichkeit, Teilinformationen über ein Quantensystem zu erhalten, ohne einen vollständigen Kollaps der Wellenfunktion zu verursachen. Bei diesen Messungen kommt es zu einer schwachen Wechselwirkung zwischen dem Messgerät und dem Quantensystem, wodurch begrenzte Informationen extrahiert werden können, während die Überlagerung der Zustände erhalten bleibt. Schwache Messungen wurden verwendet, um die Natur der Quantenzustände und den Messvorgang selbst zu untersuchen, und bieten Erkenntnisse, die zur Lösung des Messproblems beitragen könnten.

9.10 Lösungsvorschläge für das Messproblem

9.10.1 Relationale Quantenmechanik

Die relationale Quantenmechanik (RQM) von Carlo Rovelli geht davon aus, dass die

Eigenschaften von Quantensystemen relativ zum Beobachter sind. Laut RQM gibt es keinen absoluten Zustand eines Quantensystems; stattdessen wird der Zustand durch die Wechselwirkung zwischen dem System und dem Beobachter bestimmt. Diese Interpretation legt nahe, dass der Kollaps der Wellenfunktion kein absolutes, sondern ein relationales Ereignis ist, das von der Perspektive des Beobachters abhängt.

9.10.2 Quantendarwinismus

Der von Wojciech Zurek entwickelte Quantendarwinismus erweitert das Konzept der Dekohärenz, indem er vorschlägt, dass die Umgebung bestimmte Zustände eines Quantensystems selektiv verstärkt und sie dadurch klassisch erscheinen lässt. Diese „bevorzugten Zustände" sind diejenigen, die die Interaktion mit der Umgebung überleben, ähnlich der natürlichen Selektion in der biologischen Evolution. Diese Theorie zielt darauf ab zu erklären, wie durch den Prozess der

Umweltselektion die klassische Realität aus der Quantenwelt entsteht.

9.10.3 Konsistente Historien

Die von Robert Griffiths eingeführte und von Murray Gell-Mann und James Hartle weiterentwickelte Interpretation der konsistenten Historien bietet einen Rahmen zum Verständnis der Quantenmechanik, ohne dass ein Kollaps der Wellenfunktion erforderlich ist. Diese Interpretation verwendet das Konzept einer „Historie" – einer Abfolge von Ereignissen oder Zuständen – zur Beschreibung von Quantensystemen. Historien gelten als „konsistent", wenn die ihnen zugewiesenen Wahrscheinlichkeiten den Regeln der klassischen Wahrscheinlichkeitstheorie folgen. Dieser Ansatz ermöglicht das Nebeneinander mehrerer, sich nicht störender Historien, von denen jede eine andere mögliche Abfolge von Ereignissen darstellt.

9.11 Quantenmessung und Informationstheorie

9.11.1 Quanteninformation

Die Quanteninformationstheorie erweitert die klassische Informationstheorie in den Quantenbereich. Sie untersucht, wie Informationen mithilfe von Quantensystemen verarbeitet, gespeichert und übertragen werden. Das Messproblem spielt in der Quanteninformationstheorie eine entscheidende Rolle, da der Messvorgang die in Quantenzuständen kodierten Informationen beeinflusst.

9.11.2 Quantenentropie

Die Quantenentropie misst die Unsicherheit oder Unordnung in einem Quantensystem. Die von Neumann-Entropie, definiert als $S(\rho) = -\text{Tr}(\rho \log \rho)$, wobei ρ die Dichtematrix ist, quantifiziert die Menge an Quanteninformationen. Die Messung beeinflusst die Entropie eines Systems, indem sie die Wellenfunktion kollabieren lässt und die Überlagerung von Zuständen reduziert. Das Verständnis, wie sich die Messung auf die Quantenentropie auswirkt, ist für die Entwicklung von Quanteninformationstechnologien von entscheidender Bedeutung.

9.11.3 Quantenfehlerkorrektur

Die Quantenfehlerkorrektur ist für die Entwicklung zuverlässiger Quantencomputer von entscheidender Bedeutung. Fehler in Quantensystemen können aufgrund von Dekohärenz und fehlerhaften Messungen auftreten. Quantenfehlerkorrekturcodes sind darauf ausgelegt, diese Fehler zu erkennen und zu korrigieren und so die Genauigkeit der Quanteninformationen sicherzustellen. Der Messvorgang ist ein wesentlicher Bestandteil der Fehlerkorrektur, da er die Messung von Syndromen ohne Kollaps des Quantenzustands beinhaltet.

9.12 Implikationen für Technologie und zukünftige Forschung

9.12.1 Fortschritte im Quantencomputing

Mit der Weiterentwicklung der Quantencomputertechnologie wird das Verständnis und die Kontrolle des Messvorgangs von entscheidender Bedeutung sein. Genaue Messtechniken sind für das Auslesen von Qubit-Zuständen, die Durchführung von Fehlerkorrekturen und die Implementierung von Quantenalgorithmen unerlässlich. Die Forschung in diesem Bereich wird sich auf die Entwicklung präziserer und weniger invasiver Messmethoden konzentrieren.

9.12.2 Quantenkommunikation und Kryptographie

Quantenkommunikationstechnologien wie die Quantenschlüsselverteilung basieren auf den Prinzipien der Quantenmessung, um Sicherheit zu gewährleisten. Zukünftige Forschung wird darauf abzielen, die Zuverlässigkeit und Effizienz dieser Protokolle zu verbessern. Das Verständnis des Messproblems wird auch zur Entwicklung neuer kryptografischer Techniken beitragen, die die einzigartigen Eigenschaften der Quantenmechanik nutzen.

9.12.3 Quantensensorik und -metrologie

Quantensensoren bieten eine beispiellose Empfindlichkeit für die Messung physikalischer Größen. Diese Sensoren nutzen die Quanteneigenschaften von Teilchen, um eine hohe Präzision zu erreichen. Fortschritte im Verständnis des Messproblems werden die Entwicklung genauerer und robusterer Quantensensoren für Anwendungen in Bereichen wie Medizin, Navigation und Grundlagenphysik ermöglichen.

Das Problem der Quantenmessung bleibt eine der größten Herausforderungen in den Grundlagen der Quantenmechanik. Trotz erheblicher Fortschritte in der theoretischen und experimentellen Forschung ist uns ein vollständiges Verständnis des Messvorgangs und der Natur des Kollapses der Wellenfunktion noch immer nicht gelungen.

In diesem Kapitel wurden die historische Entwicklung des Messproblems, die mathematischen und philosophischen Grundlagen, verschiedene Interpretationen und Lösungsvorschläge sowie die praktischen Auswirkungen auf Technologie und zukünftige Forschung untersucht. Von den frühen Debatten zwischen Bohr und Einstein bis hin zu zeitgenössischen Theorien wie dem Quantendarwinismus und der Viele-Welten-Interpretation treibt die Suche nach dem Verständnis der Quantenmessung die wissenschaftliche Forschung weiterhin voran.

Das Messproblem stellt nicht nur unser Verständnis der Quantenmechanik in Frage, sondern zwingt uns auch, uns mit grundlegenden Fragen zur Natur der Realität, zum

Determinismus und zu den Grenzen des menschlichen Wissens auseinanderzusetzen. Während wir in unserer Erforschung des Quantenbereichs voranschreiten, werden neue experimentelle Techniken und theoretische Erkenntnisse zweifellos mehr Licht auf diesen rätselhaften Aspekt der Natur werfen.

Zukünftige Forschungen im Bereich der Quantenmessung werden sich wahrscheinlich auf die Verfeinerung bestehender Interpretationen, die Entwicklung neuer theoretischer Rahmen und die Anwendung dieser Erkenntnisse auf neue Quantentechnologien konzentrieren. Das Zusammenspiel zwischen philosophischen Überlegungen, theoretischen Entwicklungen und experimentellen Entdeckungen wird unser Verständnis der Quantenwelt weiterhin prägen.

Kapitel 10: Quantencomputing

10.1 Einleitung

Quantencomputing ist eine der umwälzendsten Anwendungen der Quantenmechanik und verspricht, die Bereiche Berechnung, Kryptographie und komplexe Problemlösung zu revolutionieren. Quantencomputer nutzen die Prinzipien der Superposition und Verschränkung und haben das Potenzial, bestimmte Berechnungen exponentiell schneller durchzuführen als klassische Computer. Dieses Kapitel befasst sich mit den grundlegenden Prinzipien des Quantencomputings, untersucht die Architektur und Algorithmen, die Quantencomputern zugrunde liegen, untersucht den aktuellen Stand der Quanten-Hardware und -Software und diskutiert die Auswirkungen und zukünftigen Richtungen dieses aufstrebenden Bereichs.

10.2 Grundlegende Prinzipien des Quantencomputings

10.2.1 Qubits und Superposition

Das Herzstück des Quantencomputings ist das Quantenbit oder Qubit. Im Gegensatz zu klassischen Bits, die entweder 0 oder 1 sein können, nutzen Qubits das Prinzip der Superposition, um in einer Kombination beider Zustände gleichzeitig zu existieren.

Mathematisch wird ein Qubit wie folgt dargestellt:

$$|\psi\rangle = \alpha|0\rangle + \beta|1\rangle$$

wobei $|\psi\rangle$ der Zustand des Qubits ist und α und β komplexe Zahlen sind, die die Wahrscheinlichkeitsamplituden der Zustände $|0\rangle$ bzw. $|1\rangle$ darstellen. Die Wahrscheinlichkeiten zur Messung jedes Zustands werden durch $|\alpha|^2$ und $|\beta|^2$ angegeben und müssen die Normalisierungsbedingung erfüllen:

$$|\alpha|^2 + |\beta|^2 = 1$$

10.2.2 Quantenverschränkung

Verschränkung ist ein einzigartiges Quantenphänomen, bei dem die Zustände von zwei oder mehr Qubits so korreliert werden, dass der Zustand jedes Qubits nicht unabhängig vom Zustand der anderen beschrieben werden kann. Ein verschränkter Zustand zweier Qubits, bekannt als Bell-Zustand, kann wie folgt geschrieben werden:

$$|\Phi^+\rangle = \frac{1}{\sqrt{2}}(|00\rangle + |11\rangle)$$

Durch Verschränkung sind Quantencomputer in der Lage, Informationen parallel zu verarbeiten, was ihre Rechenleistung für spezifische Probleme enorm steigert.

10.2.3 Quantengatter und -schaltkreise

Quantenberechnungen werden mithilfe von Quantengattern durchgeführt, die Qubits auf ähnliche Weise manipulieren wie klassische Logikgatter Bits manipulieren. Quantengatter sind unitäre Operatoren, die den Zustand von Qubits transformieren. Zu den gängigen Quantengattern gehören:

- **Pauli-X-Gatter (KEIN Gatter):** Kehrt den Zustand eines Qubits von $|0\rangle$ zu $|1\rangle$ um und umgekehrt.
- **Hadamard-Gatter (H):** Erzeugt eine Superposition durch Transformation von $|0\rangle$ in $\frac{1}{\sqrt{2}}(|0\rangle + |1\rangle)$ und $|1\rangle$ in $\frac{1}{\sqrt{2}}(|0\rangle - |1\rangle)$.
- **CNOT-Gatter (Controlled-NOT):** Ein Zwei-Qubit-Gatter, das den Zustand des Ziel-Qubits umkehrt, wenn das Kontroll-Qubit $|1\rangle$ ist.

Quantenschaltkreise bestehen aus Sequenzen von Quantengattern, die auf Qubits angewendet werden. Die Entwicklung eines Quantenzustands durch einen Quantenschaltkreis kann durch eine unitäre Transformation beschrieben werden, die durch eine Matrix U dargestellt wird, so dass:

$$|\psi_{\text{final}}\rangle = U|\psi_{\text{initial}}\rangle$$

10.3 Quantenalgorithmen

Quantenalgorithmen nutzen die Prinzipien der Quantenmechanik, um Probleme effizienter zu lösen als klassische Algorithmen. Zu den bekanntesten Quantenalgorithmen gehören:

10.3.1 Shors Algorithmus

Shors Algorithmus, der 1994 von Peter Shor entwickelt wurde, faktorisiert große Ganzzahlen exponentiell schneller als die bekanntesten klassischen Algorithmen. Er hat tiefgreifende Auswirkungen auf die Kryptographie, insbesondere auf das Knacken weit verbreiteter Verschlüsselungsverfahren wie RSA. Der Algorithmus nutzt Quantenparallelität und die Quanten-Fourier-Transformation (QFT), um die Periode einer Funktion zu bestimmen, was ein entscheidender Schritt bei der Faktorisierung ganzer Zahlen ist.

10.3.2 Grover-Algorithmus

Der Algorithmus von Grover, der 1996 von Lov Grover entdeckt wurde, bietet eine quadratische Beschleunigung für unstrukturierte Suchprobleme. Während ein klassischer Algorithmus $O(N)$ Schritte benötigt, um eine unsortierte Datenbank mit N Elementen zu durchsuchen, kann der Algorithmus von Grover das gewünschte Element in $O(\sqrt{N})$ Schritten finden. Der Algorithmus verwendet einen iterativen Prozess namens Amplitudenverstärkung, um die Wahrscheinlichkeit zu erhöhen, die richtige Lösung zu messen.

10.3.3 Quanten-Fourier-Transformation (QFT)

Die QFT ist ein Quantenanalogon der klassischen diskreten Fourier-Transformation. Sie spielt eine zentrale Rolle in vielen Quantenalgorithmen, einschließlich Shors Algorithmus. Die QFT transformiert einen Quantenzustand $|\psi\rangle$ in eine Überlagerung von Zuständen mit Phasen, die den Fourier-Koeffizienten entsprechen. Die QFT kann effizient auf einem Quantencomputer implementiert werden, indem eine Folge von Hadamard- und kontrollierten Phasengattern verwendet wird.

10.4 Quantenhardware

Quantenhardware bezeichnet die physikalischen Systeme, die zur Implementierung von Qubits und zur Durchführung von Quantenberechnungen verwendet werden. Für den Bau von Quantencomputern werden verschiedene physikalische Plattformen untersucht, jede mit ihren eigenen Vorteilen und Herausforderungen.

10.4.1 Supraleitende Qubits

Supraleitende Qubits sind eine der fortschrittlichsten und am weitesten verbreiteten Plattformen für Quantencomputer. Diese Qubits basieren auf supraleitenden Schaltkreisen, die bei kryogenen Temperaturen Quantenverhalten aufweisen. Unternehmen wie IBM, Google und Rigetti Computing haben supraleitende Quantenprozessoren mit Dutzenden von Qubits entwickelt. Supraleitende Qubits werden mithilfe von Mikrowellenimpulsen manipuliert und mithilfe empfindlicher Elektronik ausgelesen.

10.4.2 Gefangene Ionen

Quantencomputer mit gefangenen Ionen verwenden einzelne Ionen als Qubits, die mithilfe elektromagnetischer Felder eingeschlossen und manipuliert werden. Die

Ionenfallentechnologie ermöglicht hochpräzise Qubit-Operationen und lange Kohärenzzeiten und ist damit ein führender Kandidat für skalierbares Quantencomputing. Forscher an Institutionen wie IonQ und Honeywell entwickeln gefangene Ionensysteme, die komplexe Quantenberechnungen durchführen können.

10.4.3 Topologische Qubits

Topologische Qubits basieren auf den Prinzipien topologischer Quanteninformatik, die Anyonen verwendet – Quasiteilchen, die im zweidimensionalen Raum existieren und nichtabelsche Statistiken aufweisen. Aufgrund ihrer topologischen Natur sind topologische Qubits voraussichtlich robuster gegen Dekohärenz. Microsoft investiert über seine Forschungsgruppe Station Q in die Entwicklung topologischer Qubits.

10.4.4 Photonische Qubits

Beim photonischen Quantencomputing werden Photonen, die Elementarteilchen des Lichts, als Qubits verwendet. Photonische Qubits werden mithilfe linearer optischer Elemente wie Strahlteiler und Phasenschieber manipuliert. Photonische Systeme bieten Vorteile hinsichtlich Skalierbarkeit und Integration mit vorhandenen Kommunikationstechnologien. Unternehmen wie Xanadu und PsiQuantum sind Vorreiter bei der Entwicklung photonischer Quantencomputer.

10.5 Quantensoftware

Quantensoftware umfasst die Programmiersprachen, Compiler und Algorithmen, die zum Entwickeln und Ausführen von Quantenprogrammen auf Quantenhardware verwendet werden.

10.5.1 Quantenprogrammiersprachen

Es wurden mehrere Quantenprogrammiersprachen entwickelt, um

die Erstellung von Quantenalgorithmen zu erleichtern. Zu den bekanntesten Sprachen gehören:

- **Qiskit:** Ein von IBM entwickeltes Open-Source-Framework für die Entwicklung von Quantencomputer-Software. Qiskit ermöglicht es Benutzern, Quantenalgorithmen in Python zu schreiben und sie auf den Quantenprozessoren von IBM auszuführen.
- **Cirq:** Eine von Google entwickelte Python-Bibliothek zum Entwerfen, Simulieren und Optimieren von Quantenschaltkreisen. Cirq ist für die Verwendung mit den Quantenprozessoren von Google konzipiert.
- **Quipper:** Eine funktionale Programmiersprache für Quantencomputer, die die Beschreibung von Quantenalgorithmen mithilfe von Abstraktionen auf hoher Ebene ermöglicht.

10.5.2 Quantencompiler

Quantencompiler übersetzen hochrangige Quantenalgorithmen in niedrigrangige Anweisungen, die auf Quantenhardware ausgeführt werden können. Diese Compiler optimieren die Quantenschaltkreise, um die Anzahl der Gatter zu reduzieren und die Gesamtleistung von Quantenberechnungen zu verbessern. Einige bemerkenswerte Quantencompiler sind:

- **t|ket⟩:** T|ket⟩ wurde von Cambridge Quantum Computing entwickelt und ist ein Quantencompiler, der Quantenschaltkreise für verschiedene Hardwareplattformen optimiert.
- **Qiskit Terra:** Eine Komponente des Qiskit-Frameworks, die Tools zum Entwerfen und Optimieren von Quantenschaltkreisen bereitstellt.

10.5.3 Quantensimulatoren

Quantensimulatoren sind klassische Computer, die das Verhalten von Quantensystemen emulieren. Sie sind unerlässlich, um

Quantenalgorithmen zu testen und zu debuggen, bevor sie auf echter Quantenhardware ausgeführt werden. Einige beliebte Quantensimulatoren sind:

- **IBM Quantum Experience:** Eine Online-Plattform, die Zugriff auf die Quantenprozessoren und -simulatoren von IBM bietet.
- **Qiskit Aer:** Ein Hochleistungssimulator, der Teil des Qiskit-Frameworks ist.
- **Microsoft Quantum Development Kit (QDK):** Enthält einen Simulator zum Entwickeln und Testen von Quantenalgorithmen mit der Programmiersprache Q#.

10.6 Aktueller Stand des Quantencomputings

10.6.1 Quantenüberlegenheit

Quantenüberlegenheit bezeichnet den Meilenstein, bei dem ein Quantencomputer eine Berechnung durchführt, die für jeden klassischen Computer undurchführbar ist. Im Jahr 2019 gab

Google bekannt, dass es mit seinem Sycamore-Prozessor Quantenüberlegenheit erreicht habe. Er erledigte eine bestimmte Aufgabe in 200 Sekunden, für die ein klassischer Supercomputer etwa 10.000 Jahre benötigt hätte. Auch wenn die Aufgabe keine praktische Bedeutung hatte, demonstrierte sie doch das Potenzial des Quantencomputings, klassische Fähigkeiten zu übertreffen.

10.6.2 Das Zeitalter der verrauschten Quantenphysik mittlerer Größenordnung (NISQ)

Die aktuelle Phase des Quantencomputings wird oft als NISQ-Ära bezeichnet und ist durch Quantenprozessoren mit Dutzenden bis Hunderten von Qubits gekennzeichnet, die verrauscht und fehleranfällig sind. Diese Geräte sind zwar noch nicht in der Lage, fehlertolerante Quantenberechnungen durchzuführen, sie können jedoch zur Erforschung von Quantenalgorithmen, zur Entwicklung von Fehlerkorrekturtechniken und zur Durchführung von Forschungen in der Quantenchemie und Materialwissenschaft verwendet werden.

10.6.3 Quantenfehlerkorrektur

Eine der größten Herausforderungen beim Quantencomputing ist der Umgang mit Fehlern, die durch Dekohärenz und unvollständige Operationen entstehen. Codes zur Quantenfehlerkorrektur (QEC) sind für den Bau zuverlässiger Quantencomputer unverzichtbar. Diese Codes funktionieren, indem sie logische Qubits in mehrere physikalische Qubits kodieren, wodurch Fehler erkannt und korrigiert werden können, ohne dass der Quantenzustand zusammenbricht. Einige bekannte QEC-Codes sind der Shor-Code, der Steane-Code und der Surface-Code.

Insbesondere der Oberflächencode wird aufgrund seiner hohen Fehlerschwelle und seiner Kompatibilität mit zweidimensionalen Qubit-Architekturen intensiv untersucht. Die Implementierung von QEC ist ein entscheidender Schritt auf dem Weg zu fehlertoleranter Quantenberechnung, bei der Fehler schneller korrigiert werden können, als sie auftreten.

10.6.4 Fortschritte in der Quantenhardware

Jüngste Fortschritte bei der Quantenhardware haben zur Entwicklung größerer und kohärenterer Qubit-Arrays geführt. Unternehmen und Forschungseinrichtungen arbeiten aktiv daran, die Anzahl der Qubits zu erhöhen und gleichzeitig die Fehlerraten zu senken. Der Quantum Hummingbird-Prozessor von IBM beispielsweise verfügt über 65 Qubits, und das Unternehmen hat Pläne angekündigt, bis Mitte der 2020er Jahre auf ein 1.000-Qubit-System (Quantum Condor) zu skalieren. Google hingegen verbessert seinen Sycamore-Prozessor weiterhin und konzentriert sich dabei auf die Erhöhung der Qubit-Anzahl und der Kohärenzzeiten.

10.7 Quantenalgorithmen in der Praxis

Neben den bekannten Algorithmen wie denen von Shor und Grover gibt es noch mehrere andere Quantenalgorithmen, die für praktische Anwendungen vielversprechend sind.

10.7.1 Quantensimulation

Die Quantensimulation gilt als eine der vielversprechendsten Anwendungen des Quantencomputings. Dabei werden Quantencomputer eingesetzt, um Quantensysteme zu simulieren, die für klassische Computer unlösbar sind. Quantensimulationen können Einblicke in komplexe chemische Reaktionen, Materialeigenschaften und grundlegende physikalische Prozesse liefern. Beispielsweise könnten Quantensimulationen dabei helfen, neue Arzneimittel zu entwickeln, indem sie molekulare Wechselwirkungen auf Quantenebene genau modellieren.

10.7.2 Quantenmaschinelles Lernen

Quantum Machine Learning (QML) erforscht die Schnittstelle zwischen Quantencomputing und künstlicher Intelligenz. QML-Algorithmen nutzen Quantenprinzipien, um Aufgaben des maschinellen Lernens potenziell zu beschleunigen. Es werden Quantenversionen klassischer Algorithmen wie Quanten-Support-Vektor-Maschinen und Quanten-Neuralnetze entwickelt. QML hat das Potenzial, die Mustererkennung, Optimierung und Datenanalyse in verschiedenen Bereichen, von der Finanzwelt bis zum Gesundheitswesen, zu verbessern.

10.7.3 Quantenkryptographie

Die Quantenkryptographie nutzt die Quantenmechanik, um sichere Kommunikationskanäle zu schaffen. Die bekannteste Anwendung ist die Quantenschlüsselverteilung (QKD), die es zwei Parteien ermöglicht, einen geheimen Schlüssel zu teilen, dessen Sicherheit durch die Prinzipien der Quantenmechanik garantiert wird. QKD-Protokolle wie BB84 und E91 verwenden verschränkte Teilchen, um Lauschangriffe zu erkennen und die Integrität des Schlüsselaustauschs sicherzustellen. Die Quantenkryptographie verspricht, Daten vor zukünftigen Quantenangriffen zu schützen, die klassische Verschlüsselungsmethoden knacken könnten.

10.7.4 Quantenoptimierung

Optimierungsprobleme, bei denen es darum geht, aus einer Menge möglicher Lösungen die beste zu finden, sind in vielen Branchen weit verbreitet. Quantenalgorithmen wie der Quantum Approximate Optimization Algorithm (QAOA) und der Variational Quantum Eigensolver (VQE) zielen darauf ab, diese Probleme effizienter zu lösen als klassische Algorithmen. Zu den Anwendungsgebieten gehören die Optimierung von Lieferketten, Finanzportfolios und Logistiknetzwerken.

10.8 Die Zukunft des Quantencomputings

10.8.1 Skalierung

Die Skalierung von Quantencomputern von den aktuellen NISQ-Geräten zu fehlertoleranten Quantencomputern mit Millionen von Qubits ist eine der größten Herausforderungen der Zukunft. Dies erfordert Fortschritte bei der Qubit-Kohärenz, den Fehlerraten und der Qubit-Konnektivität. Quantenhardware-Forscher erforschen neue Materialien, Architekturen und Fehlerkorrekturtechniken, um diese Skalierbarkeit zu erreichen.

10.8.2 Quanteninternet

Das Quanteninternet ist ein aufkommendes Konzept, das ein globales Netzwerk von Quantencomputern vorsieht, die über Quantenkommunikationskanäle verbunden sind. Dieses Netzwerk würde sichere Kommunikation, verteilte Quantenberechnungen und erweiterte Sensorfunktionen ermöglichen.

Quantenrepeater und satellitengestützte Quantenkommunikation sind Schlüsseltechnologien, die zur Realisierung des Quanteninternets entwickelt werden.

10.8.3 Hybride quantenmechanische und klassische Systeme

In naher Zukunft dürften hybride quantenklassische Systeme, die Quantenprozessoren mit klassischen Computern kombinieren, praktische Vorteile bringen. Diese Systeme können bestimmte Aufgaben auf Quantenprozessoren auslagern und gleichzeitig klassische Computer für andere Teile der Berechnung nutzen. Dieser hybride Ansatz wird bereits in Anwendungen für Quantenmaschinenlernen und -optimierung erprobt.

10.8.4 Ethische und gesellschaftliche Implikationen

Mit der Weiterentwicklung der Quantencomputertechnologie werden sich wichtige ethische und gesellschaftliche Fragen ergeben. Quantencomputer könnten bestehende kryptografische Systeme stören und so die Datensicherheit und den Datenschutz beeinträchtigen. Die Gewährleistung eines gleichberechtigten Zugangs zur Quantentechnologie und die Bewältigung potenzieller Arbeitsplatzverluste durch Automatisierung sind weitere wichtige Anliegen. Politiker, Techniker und Ethiker müssen zusammenarbeiten, um diese Herausforderungen verantwortungsvoll anzugehen.

Quantencomputing ist ein Meilenstein in Wissenschaft und Technologie und wird die Art und Weise verändern, wie wir komplexe Probleme lösen. Von seinen grundlegenden Prinzipien, die in der Quantenmechanik verwurzelt sind, bis hin zu seinen revolutionären Algorithmen und vielfältigen Anwendungen eröffnet das Quantencomputing neue Horizonte für Forschung und Industrie.

Während wir uns durch die NISQ-Ära bewegen, werden uns kontinuierliche Fortschritte bei Quantenhardware, -software und -algorithmen der Ausschöpfung des vollen Potenzials des Quantencomputings näher bringen. Der Weg dorthin umfasst die Überwindung erheblicher technischer Herausforderungen, die Förderung interdisziplinärer Zusammenarbeit und die Auseinandersetzung mit ethischen Implikationen.

Die Zukunft des Quantencomputings ist vielversprechend. Es verspricht, Probleme zu lösen, die derzeit außerhalb unserer Reichweite liegen, unser Verständnis der Quantenwelt zu verbessern und Innovationen in vielen Bereichen voranzutreiben. Indem wir die Leistungsfähigkeit der Quantenmechanik weiter erforschen und nutzen, entwickeln wir nicht nur die Technologie weiter, sondern vertiefen auch unsere Wertschätzung für die grundlegende Natur der Realität.

Dieses Kapitel bietet einen umfassenden Überblick über das Quantencomputing, von den theoretischen Grundlagen bis hin zu praktischen Anwendungen und zukünftigen Entwicklungen. Das Feld ist dynamisch und entwickelt sich rasch weiter. Für jeden, der sich für das transformative Potenzial des Quantencomputings interessiert, ist es daher von entscheidender Bedeutung, über die neuesten Entwicklungen auf dem Laufenden zu bleiben.

Verweise

1. Shor, PW (1994). Algorithmen für Quantenberechnungen: Diskrete Logarithmen und Faktorisierung. Proceedings 35. jährliches Symposium über Grundlagen der Informatik.
2. Grover, LK (1996). Ein schneller quantenmechanischer Algorithmus für die Datenbanksuche. Proceedings des 28. jährlichen ACM-Symposiums zur Theorie des Rechnens.

3. Nielsen, MA, & Chuang, IL (2000). Quantenberechnung und Quanteninformation. Cambridge University Press.

4. Preskill, J. (2018). Quantencomputing im NISQ-Zeitalter und darüber hinaus. Quantum, 2, 79.

5. Zurek, WH (2003). Dekohärenz, Einselektion und die Quantenursprünge des Klassischen. Reviews of Modern Physics, 75(3), 715.

Diese strukturierte Übersicht erfasst die Essenz des Quantencomputings und bietet eine Grundlage für die weitere Erforschung und das Verständnis dieser transformativen Technologie.

Kapitel 11: Quantenkryptographie

11.1 Einleitung

Die Quantenkryptographie nutzt die Prinzipien der Quantenmechanik zur Sicherung der Kommunikation und verspricht damit ein beispielloses Maß an Sicherheit im Vergleich zu klassischen kryptographischen Techniken. Das Aufkommen von Quantencomputern stellt eine erhebliche Bedrohung für traditionelle kryptographische Systeme dar, da Quantenalgorithmen möglicherweise weit verbreitete Verschlüsselungsmethoden knacken können. Als Reaktion darauf bietet die Quantenkryptographie robuste Lösungen, die die Sicherheit und den Datenschutz von Informationen in einer Quantenwelt gewährleisten können. Dieses Kapitel untersucht die grundlegenden Prinzipien der Quantenkryptographie, befasst sich mit wichtigen Protokollen wie Quantum Key Distribution (QKD), untersucht aktuelle Forschungsergebnisse und Fortschritte und diskutiert die Auswirkungen und zukünftigen Richtungen dieses sich entwickelnden Bereichs.

11.2 Grundlegende Prinzipien der Quantenkryptographie

Die Quantenkryptographie unterscheidet sich grundlegend von der klassischen Kryptographie, da sie auf den Gesetzen der Quantenmechanik beruht. Zu den wichtigsten Prinzipien zählen das No-Cloning-Theorem, die Quantensuperposition und die Verschränkung.

11.2.1 Das No-Cloning-Theorem

Der No-Cloning-Satz besagt, dass es unmöglich ist, eine exakte Kopie eines beliebigen unbekannten Quantenzustands zu erstellen. Dieser Satz ist für die Quantenkryptographie von entscheidender Bedeutung, da er sicherstellt, dass ein Lauscher einen Quantenzustand nicht einfach kopieren kann, ohne entdeckt zu werden. Jeder Versuch, den Zustand zu messen oder zu klonen, stört ihn unweigerlich, was von den legitimen Parteien erkannt werden kann.

11.2.2 Quantensuperposition

Durch Quantensuperposition kann ein Quantenbit (Qubit) gleichzeitig mehrere

Zustände annehmen. Diese Eigenschaft wird bei der Quantenschlüsselverteilung genutzt, um Informationen auf grundsätzlich sichere Weise zu verschlüsseln. Beispielsweise können die Zustände eines Photons überlagert werden, um mehrere Informationsbits gleichzeitig darzustellen. Dadurch ist es für einen Lauscher schwierig, den Zustand unentdeckt zu ermitteln.

11.2.3 Quantenverschränkung

Durch Quantenverschränkung entstehen starke Korrelationen zwischen Teilchen, so dass der Zustand eines Teilchens direkt mit dem Zustand eines anderen Teilchens zusammenhängt, unabhängig von der Entfernung zwischen ihnen. Die Verschränkung wird in der Quantenkryptographie ausgenutzt, um Lauschangriffe zu erkennen und eine sichere Kommunikation zu gewährleisten. Wenn zwei Parteien verschränkte Teilchen gemeinsam nutzen, wird jeder Versuch einer dritten Partei, die verschränkten Zustände zu messen oder abzufangen, das System stören und bemerkt.

11.3 Quantenschlüsselverteilung (QKD)

Die bekannteste Anwendung der Quantenkryptographie ist die Quantenschlüsselverteilung (QKD). Sie ermöglicht es zwei Parteien, einen gemeinsamen, geheimen Schlüssel zu generieren, der für eine sichere Kommunikation verwendet werden kann. Die Sicherheit von QKD wird durch die grundlegenden Prinzipien der Quantenmechanik gewährleistet.

11.3.1 Das BB84-Protokoll

Das BB84-Protokoll, das 1984 von Charles Bennett und Gilles Brassard vorgeschlagen wurde, ist das erste und am weitesten verbreitete QKD-Protokoll. Es nutzt die Polarisationszustände von Photonen zur Kodierung von Informationen. Das Protokoll umfasst vier Phasen: Vorbereitung, Übertragung, Messung und Schlüsselfilterung.

1. **Vorbereitung:** Die Senderin (Alice) bereitet eine Reihe von Photonen in einem von vier möglichen Polarisationszuständen vor: horizontal, vertikal, +45 Grad oder -45 Grad. Diese Zustände entsprechen den Binärwerten 0 und 1 in zwei verschiedenen Basen.
2. **Übertragung:** Alice sendet die vorbereiteten Photonen über einen Quantenkanal an den Empfänger (Bob).
3. **Messung:** Bob wählt zufällig eine der beiden Basen (geradlinig oder diagonal), um die Polarisation jedes Photons zu messen.
4. **Schlüsselsichtung:** Nach der Übertragung vergleichen Alice und Bob öffentlich ihre gewählten Basen für jedes Photon. Sie verwerfen die Ergebnisse, bei denen ihre Basen nicht übereinstimmen. Die verbleibenden Bits bilden den Rohschlüssel, der weiter verarbeitet wird, um den endgültigen geheimen Schlüssel zu extrahieren.

Die Sicherheit von BB84 ergibt sich aus der Tatsache, dass jeder Lauscher (Eve), der versucht, die Photonen zu messen, erkennbare Störungen verursacht.

11.3.2 Das E91-Protokoll

Das 1991 von Artur Ekert vorgeschlagene E91-Protokoll verwendet verschränkte Photonenpaare, um einen sicheren Schlüssel zu erstellen. Dieses Protokoll nutzt die Korrelationen zwischen verschränkten Partikeln, um Lauschangriffe zu erkennen. Die im E91-Protokoll enthaltenen Schritte sind:

1. **Verschränkungsquelle:** Eine Verschränkungsquelle erzeugt Paare verschränkter Photonen und sendet ein Photon an Alice und das andere an Bob.
2. **Messung:** Alice und Bob wählen jeweils eine zufällige Messbasis und messen ihre jeweiligen Photonen.
3. **Korrelationsanalyse:** Alice und Bob geben ihre Messgrundlagen (aber nicht die Ergebnisse) öffentlich bekannt und behalten nur die Fälle bei, in denen ihre Grundlagen

übereinstimmen. Die Messergebnisse aus diesen Fällen sind stark korreliert und bilden den Rohschlüssel.

4. **Fehlererkennung:** Alice und Bob vergleichen eine Teilmenge ihrer Schlüssel, um nach Fehlern zu suchen. Wenn die Fehlerrate unter einem bestimmten Schwellenwert liegt, gehen sie davon aus, dass der Schlüssel sicher ist.

Die Sicherheit des E91-Protokolls wurzelt in den grundlegenden Eigenschaften verschränkter Zustände und der Verletzung der Bellschen Ungleichungen.

11.3.3 Kontinuierliche Variable QKD

Kontinuierliche Variable (CV) QKD verwendet Eigenschaften des Lichts, wie etwa die Quadraturkomponenten des elektromagnetischen Felds, um Informationen zu kodieren. Im Gegensatz zu Protokollen mit diskreten Variablen wie BB84 und E91 arbeitet CV-QKD mit kontinuierlichen Variablen und ermöglicht die Verwendung von Standardtelekommunikationsgeräten. Die wichtigsten Schritte bei CV-QKD sind:

1. **Vorbereitung:** Alice bereitet kohärente oder gequetschte Lichtzustände mit bestimmten Quadraturwerten vor.
2. **Übertragung:** Alice überträgt diese Zustände über einen Glasfaser- oder Freiraumkanal an Bob.
3. **Messung:** Bob führt eine Homodyn- oder Heterodyn-Erkennung durch, um die Quadraturwerte zu messen.
4. **Nachbearbeitung:** Alice und Bob verwenden klassische Nachbearbeitungstechniken wie Abstimmung und Datenschutzverstärkung, um einen sicheren Schlüssel zu destillieren.

CV-QKD-Protokolle sind für die schnelle Schlüsselverteilung und Integration in die vorhandene Kommunikationsinfrastruktur von Vorteil.

11.4 Praktische Implementierungen der QKD

Die Quantenschlüsselverteilung hat sich von theoretischen Vorschlägen zu praktischen Implementierungen entwickelt. Verschiedene QKD-Systeme wurden entwickelt und in realen Szenarien eingesetzt.

11.4.1 Faserbasierte QKD

Glasfaserbasierte QKD-Systeme übertragen Photonen über Glasfasern und eignen sich daher für Netzwerke in Ballungsräumen und zwischen Städten. Diese Systeme wurden an verschiedenen Standorten eingesetzt, darunter im QKD-Netzwerk Tokio und im QKD-Netzwerk Genf. Glasfaserbasiertes QKD profitiert von der vorhandenen Glasfaserinfrastruktur, wird jedoch durch Dämpfung und Rauschen in den Fasern eingeschränkt, was die effektive Reichweite der sicheren Schlüsselverteilung verringert.

11.4.2 Freiraum-QKD

Bei der Freiraum-QKD werden Photonen durch die Atmosphäre oder den Weltraum übertragen. Diese Methode eignet sich für Satellit-Boden- und Boden-Boden-Verbindungen über lange Distanzen. Eine bemerkenswerte Implementierung ist der 2016 von China gestartete Micius-Satellit, der QKD über Distanzen von mehr als 1.200 Kilometern erfolgreich demonstrierte. Freiraum-QKD kann die Distanzbeschränkungen faserbasierter Systeme überwinden, ist jedoch anfälliger gegenüber Umweltfaktoren wie Wetterbedingungen und Turbulenzen.

11.4.3 Quantennetzwerke

Quantennetzwerke integrieren mehrere QKD-Verbindungen, um ein sicheres Kommunikationsnetzwerk zu erstellen. Diese Netzwerke können mehrere Benutzer über ein großes geografisches Gebiet hinweg verbinden und sichere Kommunikationskanäle für staatliche, militärische, finanzielle und andere kritische Infrastrukturen bereitstellen. Das Quantum Flagship-Programm der Europäischen Union und der Quantum Internet Blueprint des US-Energieministeriums sind Beispiele für Initiativen, die auf die Entwicklung groß angelegter Quantennetzwerke abzielen.

11.5 Aktuelle Forschung und Fortschritte

Die Forschung im Bereich der Quantenkryptographie schreitet rasch voran und es gibt bedeutende Entwicklungen in Theorie, Protokollen und praktischen Implementierungen.

11.5.1 Geräteunabhängige QKD

Geräteunabhängige QKD (DI-QKD) zielt darauf ab, Sicherheitsgarantien bereitzustellen, die nicht von der Vertrauenswürdigkeit der im Protokoll verwendeten Quantengeräte abhängen. DI-QKD-Protokolle basieren auf der Verletzung der Bellschen Ungleichungen, um Sicherheit zu gewährleisten. Dieser Ansatz befasst sich mit potenziellen Schwachstellen, die durch

Unvollkommenheiten und Nebenkanäle in Quantengeräten entstehen. Die Realisierung praktischer DI-QKD bleibt ein wichtiges Forschungsziel und erfordert Verbesserungen bei der Erzeugung von Verschränkungen und der Effizienz der Erkennung.

11.5.2 Messgeräteunabhängige QKD

Messgeräteunabhängiges QKD (MDI-QKD) beseitigt Schwachstellen, die mit den Messgeräten verbunden sind, indem es die Notwendigkeit beseitigt, dem Messvorgang zu vertrauen. Bei MDI-QKD wird die Messung von einem nicht vertrauenswürdigen Dritten durchgeführt, und die Sicherheit ist gewährleistet, solange die von den kommunizierenden Parteien verwendeten Quellen vertrauenswürdig sind. MDI-QKD wurde experimentell demonstriert und ist vielversprechend für die Verbesserung der Sicherheit von QKD-Systemen.

11.5.3 Quantenzufallszahlengenerierung

Quantenzufallszahlengeneratoren (QRNGs) nutzen Quantenprozesse, um echte Zufallszahlen zu erzeugen, die für kryptografische Anwendungen unverzichtbar sind. QRNGs nutzen Quantenphänomene wie Photonenankunftszeiten, Quantenvakuumfluktuationen und radioaktiven Zerfall, um Zufallszahlen zu erzeugen, die grundsätzlich unvorhersehbar sind. Diese Zufallszahlen sind für die sichere Schlüsselgenerierung in QKD und anderen kryptografischen Protokollen von entscheidender Bedeutung.

11.6 Quantenkryptographie jenseits der QKD

Während QKD die ausgereifteste Anwendung der Quantenkryptographie ist, werden weitere quantenkryptographische Protokolle entwickelt, um die Sicherheit in verschiedenen Kontexten zu verbessern.

11.6.1 Quantensichere Direktkommunikation

Quantum Secure Direct Communication (QSDC) zielt darauf ab, sichere Nachrichten direkt zu übertragen, ohne vorher einen gemeinsamen Schlüssel zu erstellen. QSDC-Protokolle verwenden verschränkte Zustände oder die direkte Übertragung von Quantenzuständen, um Informationen sicher zu verschlüsseln und zu senden. Die Sicherheit von QSDC beruht auf den Prinzipien der Quantenmechanik und ist daher resistent gegen Abhören und Abfangen.

11.6.2 Quantendigitale Signaturen

Quantendigitale Signaturen (QDS) ermöglichen die Authentifizierung und Integritätsprüfung digitaler Nachrichten unter Verwendung von Quantenprinzipien. QDS-Schemata bieten Sicherheitsgarantien, die gegen Quantenangriffe resistent sind und sicherstellen, dass digitale Signaturen nicht gefälscht oder manipuliert werden können. QDS-Protokolle beinhalten typischerweise die Verteilung von

Quantenzuständen, die als eindeutige Signaturen fungieren, die von mehreren Parteien überprüft werden können.

11.6.3 Quantenunabhängiger Transfer

Quantum Oblivious Transfer (QOT) ist ein kryptografisches Primitiv, das es einem Sender ermöglicht, eine von vielen möglichen Informationen so an einen Empfänger zu übertragen, dass der Sender nicht weiß, welche Information der Empfänger erhalten hat. Dieses Konzept hat zahlreiche Anwendungen in sicheren Mehrparteienberechnungen, sicheren Wahlsystemen und datenschutzfreundlicher Datenanalyse. QOT-Protokolle nutzen die Eigenschaften von Quantenzuständen, um sicherzustellen, dass keine Partei einen ungerechtfertigten Vorteil erlangen kann, und so die Privatsphäre und Sicherheit der ausgetauschten Informationen gewahrt bleibt.

11.7 Sicherheitsannahmen und Bedrohungen

Trotz der inhärenten Sicherheitsvorteile der Quantenkryptographie ist es wichtig, die zugrunde liegenden Annahmen und potenziellen Bedrohungen zu verstehen, die die Sicherheit gefährden könnten.

11.7.1 Sicherheitsannahmen

Um ihre Sicherheit zu gewährleisten, basieren Quantenkryptographieprotokolle auf mehreren Annahmen:
- **Vertrauen in Quantengeräte:** Die Sicherheit vieler Protokolle hängt von der Annahme ab, dass die verwendeten Quantengeräte (wie Quellen und Detektoren) sich wie erwartet verhalten und keine versteckten Schwachstellen aufweisen.
- **Kanalintegrität:** Quantenkanäle gelten als frei von wesentlichen Manipulationen oder Störungen, die die übertragenen Quantenzustände auf nicht erkennbare Weise verändern könnten.
- **Klassische Nachbearbeitungssicherheit:** Die klassischen Algorithmen, die zur

Fehlerkorrektur, Datenschutzverstärkung und Schlüsselverwaltung verwendet werden, müssen sicher und sowohl gegen klassische als auch gegen Quantenangriffe resistent sein.

11.7.2 Lauschangriffe und Seitenkanalangriffe

Während die Quantenkryptographie einen robusten Schutz gegen Lauschangriffe bietet, bleiben Seitenkanalangriffe ein erhebliches Problem. Diese Angriffe nutzen Unvollkommenheiten bei der Implementierung von Quantengeräten aus und nicht die theoretischen Prinzipien selbst. Beispiele sind:
- **Photon Number Splitting-Angriffe:** In Protokollen wie BB84 könnte ein Lauscher Mehrphotonenimpulse ausnutzen, um unentdeckt Informationen zu erlangen.
- **Timing-Angriffe:** Ein Angreifer könnte Informationen erlangen, indem er den Zeitpunkt der Photonenankunft und andere Betriebsdetails misst.
- **Gerätemängel:** Fehler in der Hardware, wie z. B. Ineffizienzen des Detektors oder die

Formung des Laserimpulses, können Schwachstellen schaffen, die von Angreifern ausgenutzt werden könnten.

Laufende Forschung zielt darauf ab, Gegenmaßnahmen und verbesserte Protokolle zu entwickeln, um diese Risiken zu mindern und die Sicherheit quantenkryptographischer Systeme zu erhöhen.

11.8 Quantenkryptographie in der Praxis

Mehrere Organisationen und Forschungseinrichtungen arbeiten aktiv an der praktischen Anwendung der Quantenkryptographie. Ziel dieser Bemühungen ist es, die Quantenkryptographie aus dem Labor in reale Anwendungen zu überführen.

11.8.1 Kommerzielle QKD-Systeme

Verschiedene Unternehmen haben kommerzielle QKD-Systeme entwickelt, die in kritischen

Infrastrukturen eingesetzt werden. Beispiele sind:
- **ID Quantique:** Ein führender Anbieter von QKD-Systemen, der Produkte wie die Clavis3 QKD-Plattform für sichere Kommunikationsnetzwerke anbietet.
- **Quantum Xchange:** Bereitstellung von Quantum Key-as-a-Service (QKaaS)-Lösungen zum Schutz von Daten während der Übertragung mithilfe der QKD-Technologie.
- **Toshiba:** Entwicklung von in bestehende Telekommunikationsnetze integrierten QKD-Systemen zur sicheren Datenübertragung.

Diese Systeme werden in Finanzinstituten, Regierungsbehörden und anderen Sektoren eingesetzt, in denen ein hohes Maß an Sicherheit erforderlich ist.

11.8.2 Feldversuche und Pilotprojekte

Mehrere Feldversuche und Pilotprojekte haben die Durchführbarkeit der Quantenkryptographie

in realen Umgebungen nachgewiesen. Bemerkenswerte Beispiele sind:
- **Das SECOQC-Projekt:** Eine europäische Initiative, die erfolgreich ein QKD-Netzwerk in ganz Wien, Österreich, implementiert hat und den sicheren Schlüsselaustausch über Großstadtdistanzen demonstriert.
- **Das Tokyo QKD Network:** Eine Gemeinschaftsanstrengung in Japan, bei der in ganz Tokio QKD-Systeme eingesetzt wurden, die staatliche, akademische und kommerzielle Einrichtungen miteinander verbinden.
- **Chinas Quantenexperimente im Weltraummaßstab (QUESS):** Nutzung des Micius-Satelliten zur Durchführung von QKD über große Entfernungen, einschließlich des interkontinentalen sicheren Schlüsselaustauschs zwischen China und Europa.

Diese Projekte unterstreichen das Potenzial der Integration der Quantenkryptographie in bestehende Kommunikationsinfrastrukturen und der weltweiten Ausweitung sicherer Kommunikationsfunktionen.

11.9 Implikationen und zukünftige Richtungen

Die Entwicklung und der Einsatz der Quantenkryptographie haben tiefgreifende Auswirkungen auf die Sicherheit, den Datenschutz und die Zukunft der Kommunikation.

11.9.1 Verbesserung der Datensicherheit

Die Quantenkryptographie verspricht eine deutliche Verbesserung der Datensicherheit, indem sie Tools bereitstellt, die sowohl gegen klassische als auch gegen Quantenangriffe resistent sind. Dies ist besonders wichtig, da wir uns auf eine Zukunft zubewegen, in der Quantencomputer möglicherweise aktuelle kryptographische Systeme knacken könnten. Durch den Einsatz quantenkryptographischer Techniken können Organisationen vertrauliche Informationen vor zukünftigen Bedrohungen schützen.

11.9.2 Datenschutz und ethische Überlegungen

Die weitverbreitete Einführung der Quantenkryptographie wirft wichtige Fragen zum Datenschutz und zur Ethik auf. Die Gewährleistung eines gleichberechtigten Zugangs zu sicheren Kommunikationstechnologien und die Verhinderung des Missbrauchs durch böswillige Akteure sind entscheidende Herausforderungen. Politiker und Techniker müssen zusammenarbeiten, um Richtlinien und Rahmenbedingungen zu schaffen, die den ethischen Einsatz der Quantenkryptographie fördern.

11.9.3 Integration von Quanten- und klassischer Kryptographie

In naher Zukunft werden Hybridsysteme, die Quanten- und klassische kryptografische Techniken kombinieren, eine entscheidende Rolle spielen. Diese Systeme können die Stärken beider Ansätze nutzen, robuste Sicherheit bieten und gleichzeitig die praktischen Einschränkungen der aktuellen Quantentechnologien überwinden. Beispielsweise kann die quantenverstärkte Schlüsselverteilung mit klassischen Verschlüsselungsmethoden kombiniert werden, um die Datenübertragung in verschiedenen Anwendungen abzusichern.

11.9.4 Langfristige Vision: Das Quanteninternet

Das Konzept eines Quanteninternets sieht ein globales Netzwerk aus Quantencomputern und Kommunikationsverbindungen vor, das sichere Kommunikation, verteiltes Quantencomputing und erweiterte Sensorfunktionen ermöglicht. Quantenrepeater, die die Reichweite von QKD erweitern, und auf Verschränkung basierende Kommunikationsprotokolle sind Schlüsseltechnologien zur Verwirklichung dieser Vision. Die Entwicklung eines Quanteninternets würde die sichere Kommunikation revolutionieren und neue

Anwendungen und Dienste ermöglichen, die derzeit außerhalb unserer Reichweite liegen.

Die Quantenkryptographie stellt einen bedeutenden Fortschritt bei der Absicherung der Kommunikation gegen die sich entwickelnden Bedrohungen durch Quantencomputer dar. Durch die Nutzung der Prinzipien der Quantenmechanik bietet sie robuste Sicherheitsgarantien, die mit klassischen Methoden nicht erreichbar sind. Von grundlegenden Protokollen wie BB84 und E91 bis hin zu fortgeschrittenen Konzepten wie geräteunabhängiger QKD und quantendigitalen Signaturen ist die Quantenkryptographie ein dynamisches und sich schnell entwickelndes Feld.

Praktische Implementierungen von QKD verbessern bereits die Sicherheit kritischer Infrastrukturen, und laufende Forschungen verschieben die Grenzen des Möglichen immer weiter. Mit Blick auf die Zukunft bergen die Integration der Quantenkryptographie in globale

Kommunikationsnetze und die Entwicklung eines Quanteninternets ein enormes Potenzial für die Umgestaltung der Art und Weise, wie wir Informationen sichern und übertragen.

Kapitel 12: Quantenfeldtheorie

12.1 Einführung in die Quantenfeldtheorie

Die Quantenfeldtheorie (QFT) ist ein theoretischer Rahmen, der Quantenmechanik und klassische Feldtheorie kombiniert, um die grundlegenden Wechselwirkungen zwischen

Elementarteilchen zu beschreiben. Im Gegensatz zur traditionellen Quantenmechanik, die Teilchen als diskrete Einheiten betrachtet, behandelt die QFT Teilchen als Anregungen zugrunde liegender Felder, die Raum und Zeit durchdringen. Dieses Kapitel bietet einen Überblick über die wichtigsten Konzepte, den mathematischen Formalismus und die theoretischen Implikationen der Quantenfeldtheorie.

12.2 Historische Entwicklung

Die Entwicklung der Quantenfeldtheorie lässt sich bis ins frühe 20. Jahrhundert zurückverfolgen. Mehrere Physiker leisteten dabei bedeutende Beiträge:

12.2.1 Quantenmechanik

Die Grundlagen der QFT wurden mit der Entwicklung der Quantenmechanik in den 1920er Jahren gelegt. Pionierarbeit von Physikern wie Max Planck, Albert Einstein,

Niels Bohr, Werner Heisenberg und Erwin Schrödinger revolutionierte unser Verständnis der mikroskopischen Welt und führte die Konzepte der Quantisierung und des Welle-Teilchen-Dualismus ein.

12.2.2 Quantenelektrodynamik (QED)

Die Quantenelektrodynamik, die Ende der 1940er Jahre von Paul Dirac, Julian Schwinger, Richard Feynman und Sin-Itiro Tomonaga entwickelt wurde, war die erste erfolgreiche Quantenfeldtheorie. QED beschreibt die Wechselwirkungen zwischen geladenen Teilchen und dem elektromagnetischen Feld und berücksichtigt dabei sowohl die Quantenmechanik als auch die spezielle Relativitätstheorie. Die von Feynman eingeführten Feynman-Diagramme stellen ein leistungsstarkes grafisches Werkzeug zur Berechnung von Streuamplituden und zur Visualisierung von Teilchenwechselwirkungen dar.

12.2.3 Quantenfeldtheorie jenseits der QED

Aufbauend auf dem Erfolg der QED erweiterten Physiker die Prinzipien der Quantenfeldtheorie, um die schwachen und starken Kernkräfte zu beschreiben. Die Entwicklung der Quantenchromodynamik (QCD) durch Murray Gell-Mann und Yuval Ne'eman in den 1960er Jahren lieferte einen Rahmen zum Verständnis der starken Wechselwirkungen zwischen Quarks und Gluonen, aus denen Protonen, Neutronen und andere Hadronen bestehen. Die elektroschwache Theorie, formuliert von Sheldon Glashow, Abdus Salam und Steven Weinberg, vereinte die elektromagnetischen und schwachen Kernkräfte in einem einzigen theoretischen Rahmen.

12.3 Grundlegende Prinzipien der Quantenfeldtheorie

12.3.1 Felder und Teilchen

In der Quantenfeldtheorie werden Teilchen als Anregungen zugrunde liegender Felder betrachtet, die Raum und Zeit durchdringen. Jede Art von Elementarteilchen ist mit einem entsprechenden Feld verknüpft, beispielsweise dem Elektronenfeld oder dem Photonenfeld. Die Dynamik dieser Felder wird durch eine Lagrange-Dichte bestimmt, die beschreibt, wie sich die Felder im Laufe der Zeit entwickeln und miteinander interagieren.

12.3.2 Quantisierung von Feldern

Bei der Quantisierung werden klassische Felder als Operatoren behandelt, die kanonische Kommutationsrelationen oder Antikommutationsrelationen erfüllen. Dieser Prozess führt zu den Erzeugungs- und Vernichtungsoperatoren, die auf die Quantenzustände des Feldes einwirken. Das Quantisierungsverfahren ermöglicht die Erzeugung und Zerstörung von Teilchen sowie die Berechnung von Teilcheneigenschaften wie Energie, Impuls und Spin.

12.3.3 Renormierung

Renormierung ist eine Technik, die verwendet wird, um die Divergenzen zu behandeln, die bei Berechnungen der Quantenfeldtheorie auftreten. Diese Divergenzen, die in Schleifendiagrammen und Störungstheorien höherer Ordnung auftreten, können zu Unendlichkeiten in physikalischen Größen wie Masse und Ladung führen. Bei der Renormierung werden diese Größen in Bezug auf physikalisch messbare Größen wie Masse und Ladung des Elektrons neu definiert, um sicherzustellen, dass die Theorie prädiktiv und konsistent bleibt.

12.4 Mathematischer Formalismus der Quantenfeldtheorie

12.4.1 Lagrange-Formalismus

Der Lagrange-Formalismus bietet einen leistungsfähigen Rahmen zur Beschreibung der Dynamik von Quantenfeldern. Die Lagrange-

Dichte, die eine Funktion der Felder und ihrer Ableitungen ist, kodiert die Wechselwirkungen zwischen Teilchen und Feldern. Das Wirkungsprinzip, das auf Hamiltons Prinzip der kleinsten Wirkung basiert, wird verwendet, um die Bewegungsgleichungen für die Felder aus dem Lagrange-Operator abzuleiten.

12.4.2 Feynman-Diagramme

Feynman-Diagramme sind grafische Darstellungen von Teilcheninteraktionen in der Quantenfeldtheorie. Jeder Scheitelpunkt in einem Feynman-Diagramm stellt einen Interaktionsterm im Lagrange-Raum dar, und jede Linie repräsentiert einen Teilchenpropagator. Feynman-Diagramme ermöglichen es Physikern, Streuamplituden und Wirkungsquerschnitte für Teilcheninteraktionen zu berechnen, was eine visuelle und intuitive Möglichkeit bietet, komplexe Quantenprozesse zu verstehen.

12.4.3 Pfadintegral-Formalismus

Der von Richard Feynman entwickelte Pfadintegralformalismus bietet einen alternativen Ansatz zur Quantenfeldtheorie, der auf dem Prinzip der kleinsten Wirkung basiert. In diesem Formalismus wird die Wahrscheinlichkeitsamplitude für die Bewegung eines Teilchens von einem Punkt zu einem anderen als Summe aller möglichen Pfade in der Raumzeit ausgedrückt. Das Pfadintegral ermöglicht die Berechnung von Übergangsamplituden und Korrelationsfunktionen und bietet eine ergänzende Perspektive zu den traditionellen, auf Operatoren basierenden Methoden.

12.5 Quantenfeldtheorie und Teilchenphysik

12.5.1 Standardmodell der Teilchenphysik

Das Standardmodell ist die bislang erfolgreichste Theorie der Teilchenphysik. Es beschreibt die Elementarteilchen und ihre Wechselwirkungen über elektromagnetische, schwache und starke Kräfte. Das Standardmodell beinhaltet Prinzipien der Quantenfeldtheorie und wurde durch zahlreiche experimentelle Tests bestätigt, darunter die Entdeckung des Higgs-Bosons am Large Hadron Collider (LHC) im Jahr 2012.

12.5.2 Über das Standardmodell hinaus

Obwohl das Standardmodell bemerkenswert erfolgreich war, ist es keine vollständige Theorie der fundamentalen Wechselwirkungen. Mehrere Phänomene wie dunkle Materie, dunkle Energie und Neutrinomassen bleiben im Rahmen des Standardmodells ungeklärt. Physiker forschen aktiv an Erweiterungen des Standardmodells wie Supersymmetrie, Stringtheorie und großen vereinheitlichten Theorien, die möglicherweise Einblicke in diese ungelösten Fragen liefern.

12.6 Quantenfeldtheorie in der Kosmologie

12.6.1 Kosmologie des frühen Universums

Die Quantenfeldtheorie spielt eine entscheidende Rolle beim Verständnis der Dynamik des frühen Universums und der Entwicklung kosmischer Strukturen. Die inflationäre Kosmologie beispielsweise geht davon aus, dass das Universum eine schnelle Expansionsphase durchlief, die durch die Dynamik von Quantenfeldern angetrieben wurde. Man geht davon aus, dass Quantenfluktuationen in diesen Feldern während der Inflation zu den primordialen Dichtestörungen führen, die die Entstehung von Galaxien und kosmischen Strukturen ermöglichten.

12.6.2 Kosmologische Vakuumenergie

Die Quantenfeldtheorie sagt die Existenz von Vakuumfluktuationen voraus, die zu einer von Null verschiedenen Vakuumenergiedichte führen. Diese Vakuumenergie trägt zur kosmologischen Konstante in Einsteins Gleichungen der Allgemeinen Relativitätstheorie bei und könnte eine Rolle bei der beschleunigten Expansion des Universums spielen, die in kosmologischen Untersuchungen beobachtet wurde. Der genaue Wert der Vakuumenergiedichte bleibt eines der größten Rätsel der theoretischen Physik und ist als Problem der kosmologischen Konstante bekannt.

12.7 Herausforderungen und offene Fragen

12.7.1 Quantengravitation

Eine der größten Herausforderungen der theoretischen Physik ist die Entwicklung einer konsistenten Theorie der Quantengravitation, die die Quantenmechanik mit der allgemeinen Relativitätstheorie in Einklang bringt. Die Quantenfeldtheorie bietet einen Rahmen für die Beschreibung der Wechselwirkungen von Teilchen und Feldern im Rahmen der speziellen Relativitätstheorie, bricht jedoch bei starken Gravitationsfeldern zusammen. Die Suche nach einer Theorie der Quantengravitation, wie der Stringtheorie oder der Schleifenquantengravitation, bleibt ein aktives Forschungsgebiet.

12.7.2 Hierarchieproblem:

Eine der größten Herausforderungen der Teilchenphysik ist das Hierarchieproblem, das die enormen Unterschiede zwischen den in der Natur beobachteten Teilchenmassen betrifft. Die Masse des Higgs-Bosons ist beispielsweise um viele Größenordnungen kleiner als man auf der Grundlage der Planck-Skala erwarten würde, der Energieskala, bei der die Effekte der Quantengravitation signifikant werden. Diese Diskrepanz wirft Fragen zur Stabilität der Higgs-Boson-Masse und der Feinabstimmung auf, die erforderlich ist, um sie auf dem beobachteten Wert zu halten.

12.7.3 Dunkle Materie und Dunkle Energie

Eine weitere wichtige offene Frage in der Kosmologie und Teilchenphysik ist die Natur der dunklen Materie und der dunklen Energie. Beobachtungsdaten legen nahe, dass diese schwer fassbaren Komponenten den Großteil des

Masse-Energie-Gehalts des Universums ausmachen, ihre Eigenschaften jedoch unbekannt sind. Die Quantenfeldtheorie bietet potenzielle Möglichkeiten zur Erforschung der teilchenphysikalischen Aspekte der dunklen Materie, wie schwach wechselwirkende massive Teilchen (WIMPs) oder Axionen, sowie der mit der dunklen Energie verbundenen Vakuumenergiebeiträge.

12.7.4 Quantenfeldtheorie unter extremen Bedingungen

Die Quantenfeldtheorie ist auch von entscheidender Bedeutung für das Verständnis des Verhaltens von Materie unter extremen Bedingungen, wie sie in Neutronensternen, schwarzen Löchern und im frühen Universum herrschen. Diese extremen Umgebungen erfordern Theorien, die die Auswirkungen hoher Energiedichten, starker Gravitationsfelder und Quantenfluktuationen berücksichtigen können. Die Quantenfeldtheorie bietet den mathematischen Rahmen für das Studium dieser

Phänomene und für Vorhersagen über beobachtbare Phänomene wie Gravitationswellen und primordiale Gravitationsstrahlung.

12.8 Anwendungen der Quantenfeldtheorie

12.8.1 Teilchenbeschleuniger

Teilchenbeschleuniger wie der Large Hadron Collider (LHC) am CERN basieren auf den Prinzipien der Quantenfeldtheorie, um die grundlegenden Wechselwirkungen zwischen Teilchen zu untersuchen. Durch die Kollision hochenergetischer Teilchen bei nahezu Lichtgeschwindigkeit können Physiker die zugrunde liegende Struktur der Materie untersuchen und theoretische Vorhersagen über Phänomene der Teilchenphysik testen. Berechnungen auf der Grundlage der Quantenfeldtheorie spielen eine entscheidende Rolle bei der Interpretation der bei diesen Experimenten gesammelten Daten und bei der

Gewinnung grundlegender Erkenntnisse über die Natur des Universums.

12.8.2 Physik der kondensierten Materie

Die Quantenfeldtheorie findet auch Anwendung in der Festkörperphysik, wo sie zur Beschreibung des kollektiven Verhaltens von Partikeln in Materialien und Festkörpern verwendet wird. Techniken wie die Renormierungsgruppe, die ihren Ursprung in der Quantenfeldtheorie haben, werden zur Untersuchung von Phasenübergängen, kritischen Phänomenen und emergenten Phänomenen in Festkörpersystemen eingesetzt. Die Quantenfeldtheorie bietet einen leistungsstarken Rahmen zum Verständnis der komplexen Wechselwirkungen zwischen Elektronen, Atomen und Photonen in Festkörpersystemen.

Die Quantenfeldtheorie bleibt ein lebendiges und aktives Forschungsgebiet, in dem fortlaufende Bemühungen unternommen werden, grundlegende Fragen der

Teilchenphysik, Kosmologie und Quantengravitation zu beantworten. Die Entwicklung neuer mathematischer Techniken, Rechenmethoden und experimenteller Technologien erweitert weiterhin die Grenzen unseres Verständnisses des Universums sowohl auf kleinster als auch auf größter Ebene.

Mit Blick auf die Zukunft wird die Quantenfeldtheorie bei der Lösung einiger der dringendsten Herausforderungen der theoretischen Physik eine zentrale Rolle spielen, von der Suche nach einer einheitlichen Theorie der Quantengravitation bis hin zur Erforschung der grundlegenden Natur von Dunkler Materie und Dunkler Energie. Durch die Kombination von Erkenntnissen aus der theoretischen Physik, experimentellen Beobachtungen und dem mathematischen Formalismus werden Forscher weiterhin die Geheimnisse der Quantenwelt entschlüsseln und neue Grenzen in unserem Verständnis des Universums erschließen.

Kapitel 13: Quantenelektrodynamik

13.1 Einführung in die Quantenelektrodynamik

Die Quantenelektrodynamik (QED) ist die Quantenfeldtheorie, die die elektromagnetische Wechselwirkung zwischen geladenen Teilchen wie Elektronen und Positronen durch den Austausch von Photonen beschreibt. Sie ist eine der erfolgreichsten Theorien der Physik und bietet einen präzisen Rahmen zum Verständnis von Phänomenen wie Atomspektren, Streuprozessen und dem Verhalten von Licht. Dieses Kapitel bietet einen strukturierten Überblick über die Quantenelektrodynamik, von ihrer historischen Entwicklung bis hin zu ihren theoretischen Grundlagen und experimentellen Implikationen.

13.2 Historische Entwicklung

13.2.1 Ursprünge der Quantenelektrodynamik

Die Grundlagen der Quantenelektrodynamik wurden im frühen 20. Jahrhundert mit der Entwicklung der Quantenmechanik und der Theorie des Elektromagnetismus gelegt. Max Plancks Entdeckung quantisierter Energieniveaus in der Schwarzkörperstrahlung und Albert Einsteins Erklärung des photoelektrischen Effekts lieferten erste

Einblicke in die Quantennatur des Lichts. Niels Bohrs Modell des Wasserstoffatoms, das quantisierte Elektronenbahnen und die Emission diskreter Photonen beinhaltet, erweiterte unser Verständnis der Atomphysik weiter.

13.2.2 Dirac-Gleichung und Quantenfeldtheorie

Die Entwicklung der Dirac-Gleichung im Jahr 1928 durch Paul Dirac war ein wichtiger Meilenstein in der Formulierung der Quantenelektrodynamik. Die Dirac-Gleichung beschreibt das relativistische Quantenverhalten von Elektronen und beinhaltet die Prinzipien der speziellen Relativitätstheorie und der Quantenmechanik. Diracs Gleichung ebnete den Weg für die Entwicklung der Quantenfeldtheorie, die Teilchen als Anregungen zugrunde liegender Felder behandelt, die die Raumzeit durchdringen.

13.2.3 Feynman-Diagramme und Quantenelektrodynamik

Richard Feynmans Entwicklung der Feynman-Diagramme in den 1940er Jahren revolutionierte die Art und Weise, wie Physiker Teilcheninteraktionen in der Quantenelektrodynamik visualisieren und berechnen. Feynman-Diagramme bieten eine grafische Darstellung von Teilchenprozessen, wobei Eckpunkte Wechselwirkungen und Linien Teilchenpropagatoren darstellen. Feynmans Ansatz führte ein leistungsfähiges Werkzeug zur Berechnung von Streuamplituden und zur Vorhersage der Ergebnisse von Teilchenkollisionen ein und legte damit den Grundstein für das moderne Gebiet der Quantenfeldtheorie.

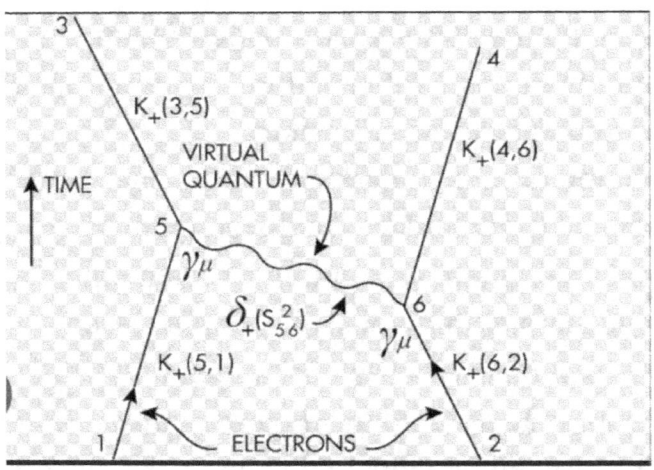

13.3 Grundlegende Prinzipien der Quantenelektrodynamik

13.3.1 Quantenfelder und -teilchen

In der Quantenelektrodynamik interagieren geladene Teilchen miteinander durch den Austausch virtueller Photonen, die Quanten des elektromagnetischen Felds sind. Die elektromagnetische Wechselwirkung wird durch das elektromagnetische Feld vermittelt, das die gesamte Raumzeit durchdringt. Geladene Teilchen wie Elektronen und Positronen sind

Anregungen dieser Felder und ihr Verhalten wird durch die Prinzipien der Quantenmechanik und der speziellen Relativitätstheorie beschrieben.

13.3.2 Eichsymmetrie und Quantenelektrodynamik

Die Quantenelektrodynamik weist Eichsymmetrie auf, was bedeutet, dass die physikalischen Gesetze, denen die Theorie zugrunde liegt, bei bestimmten Transformationen unverändert bleiben. Im Fall der QED ist diese Symmetrie mit der Erhaltung der elektrischen Ladung und der Invarianz der Gleichungen des elektromagnetischen Felds bei Eichtransformationen verbunden. Die Eichsymmetrie spielt eine entscheidende Rolle bei der Gewährleistung der Konsistenz und der Vorhersagekraft der Theorie.

13.4 Mathematischer Formalismus der Quantenelektrodynamik

13.4.1 Feynman-Regeln und -Diagramme

Feynman-Diagramme bieten eine systematische Methode zur Berechnung von Streuamplituden und Übergangswahrscheinlichkeiten in der Quantenelektrodynamik. Jedes Diagramm stellt einen möglichen Wechselwirkungsprozess dar, wobei einfallende und ausgehende Teilchen durch äußere Linien und virtuelle Teilchen durch innere Linien dargestellt werden. Die Regeln zur Konstruktion und Auswertung von Feynman-Diagrammen ermöglichen es Physikern, Observablen wie Wirkungsquerschnitte und Zerfallsraten mit bemerkenswerter Präzision zu berechnen.

13.4.2 Renormierung in der Quantenelektrodynamik

Eine der wichtigsten Herausforderungen der Quantenelektrodynamik ist der Umgang mit divergierenden Integralen, die in Schleifendiagrammen und Berechnungen der Störungstheorie höherer Ordnung auftreten.

Diese Divergenzen können durch einen Prozess namens Renormierung angegangen werden, bei dem physikalische Parameter wie Elektronenmasse und -ladung neu definiert werden, um die Unendlichkeiten zu absorbieren und sicherzustellen, dass die Theorie prädiktiv und konsistent bleibt.

13.5 Experimentelle Implikationen der Quantenelektrodynamik

13.5.1 Präzisionstests der QED

Die Quantenelektrodynamik wurde durch Präzisionsexperimente in der Atom-, Molekül- und Teilchenphysik umfassend getestet. Messungen von Atomspektren, Elektronen-g-Faktoren und Elektron-Positron-Vernichtungsprozessen haben die Vorhersagen der QED mit bemerkenswerter Präzision bestätigt. Beispielsweise wurde das anomale magnetische Moment des Elektrons mit einer Genauigkeit von besser als einem Teil pro

Billion gemessen, was strenge Tests der QED-Vorhersagen ermöglicht.

13.5.2 Synchrotronstrahlung und Teilchenbeschleuniger

Teilchenbeschleuniger und Synchrotronstrahlungsanlagen bieten experimentelle Umgebungen zum Testen der Vorhersagen der Quantenelektrodynamik bei Kollisionen mit hoher Energie. Synchrotronstrahlung, die entsteht, wenn geladene Teilchen entlang gekrümmter Bahnen beschleunigt werden, ist eine direkte Folge der QED und findet praktische Anwendung in Bereichen wie der Röntgenkristallographie und der medizinischen Bildgebung. Teilchenbeschleuniger wie der Large Electron-Positron Collider (LEP) und der Large Hadron Collider (LHC) ermöglichen es Physikern, das Verhalten von Teilchen bei Energien zu untersuchen, die weit über denen liegen, die in atomaren oder molekularen Systemen erreichbar sind. Dies bietet die Möglichkeit, die Grenzen der QED zu testen und nach neuen Phänomenen jenseits des Standardmodells zu suchen.

13.6 Fortgeschrittene Themen der Quantenelektrodynamik

13.6.1 Quantenelektrodynamik in äußeren Feldern

Die Quantenelektrodynamik in externen elektromagnetischen Feldern, wie sie beispielsweise von Lasern oder starken Magnetfeldern erzeugt werden, führt zu zusätzlichen Komplexitäten und Phänomenen. Prozesse wie Photonenspaltung, Vakuumdoppelbrechung und der Schwinger-Effekt, bei dem in Gegenwart starker elektrischer Felder spontan Elektron-Positron-Paare aus dem Vakuum entstehen, sind Beispiele für Phänomene, die in der QED in externen Feldern auftreten. Diese Phänomene haben Auswirkungen auf die Grundlagenphysik, die Astrophysik und die Entwicklung fortschrittlicher Technologien.

13.6.2 Quantenelektrodynamik in kondensierten Materiesystemen

Die Quantenelektrodynamik findet auch Anwendung in der Festkörperphysik, wo sie zur Beschreibung des Verhaltens von Elektronen in Materialien und Festkörpern verwendet wird. Phänomene wie der Quanten-Hall-Effekt, Supraleitung und topologische Isolatoren können im Rahmen der QED verstanden werden. Theoretische Techniken wie die Dirac-Gleichung und Feynman-Diagramme bieten leistungsstarke Werkzeuge zum Studium der elektronischen Eigenschaften von Festkörpersystemen und zur Vorhersage neuartiger Phänomene, die praktische Anwendungen in Technologie und Materialwissenschaft haben könnten.

Die Quantenelektrodynamik ist eine der größten Errungenschaften der Physik des 20. Jahrhunderts und bietet einen präzisen und eleganten Rahmen zum Verständnis des

Verhaltens geladener Teilchen und elektromagnetischer Felder. Von ihren Ursprüngen in den frühen Tagen der Quantenmechanik bis zu ihren modernen Anwendungen in der Teilchenphysik, der Festkörperphysik und darüber hinaus hat die QED eine zentrale Rolle bei der Gestaltung unseres Verständnisses des Universums auf kleinster und größter Ebene gespielt. Während sich experimentelle Techniken ständig weiterentwickeln und theoretische Entwicklungen die Grenzen unseres Wissens erweitern, bleibt die Quantenelektrodynamik ein lebendiges und aktives Forschungsfeld, das Einblicke in die grundlegende Natur von Materie, Energie und den Kräften bietet, die das Universum regieren.

Kapitel 14: Quantenchromodynamik

14.1 Einführung in die Quantenchromodynamik

Die Quantenchromodynamik (QCD) ist die Quantenfeldtheorie, die die starke Kernkraft beschreibt, die Quarks zu Protonen, Neutronen und anderen Hadronen zusammenhält. Als eine der grundlegenden Wechselwirkungen im Standardmodell der Teilchenphysik spielt die QCD eine zentrale Rolle beim Verständnis der Struktur der Materie und des Verhaltens subatomarer Teilchen. Dieses Kapitel bietet einen strukturierten Überblick über die Quantenchromodynamik, von ihrer historischen Entwicklung bis hin zu ihren theoretischen Grundlagen und experimentellen Implikationen.

14.2 Historische Entwicklung

14.2.1 Entdeckung der Quarks

Die Entwicklung der Quantenchromodynamik wurde durch experimentelle Entdeckungen in der Mitte des 20. Jahrhunderts vorangetrieben, die die komplexe Struktur von Hadronen wie Protonen und Neutronen enthüllten. In den 1960er Jahren schlugen die Physiker Murray Gell-Mann und George Zweig das Quarkmodell vor, das postulierte, dass Hadronen aus kleineren Bestandteilen, sogenannten Quarks, bestehen. Dieses Modell bot einen Rahmen zum Verständnis der beobachteten Muster in Teilcheneigenschaften und -wechselwirkungen.

14.2.2 Quantenchromodynamik

Die Quantenchromodynamik entwickelte sich in den 1970er Jahren als theoretischer Rahmen zur Beschreibung der starken Kernkraft anhand von Wechselwirkungen zwischen Quarks, die durch Gluonen, die Kraftträger der starken Kraft, vermittelt werden. Die Entwicklung der QCD wurde durch die Pionierarbeit von Physikern wie Murray Gell-Mann, Yuval Ne'eman und Harald

Fritzsch vorangetrieben, die die Prinzipien der Eichtheorien und Farbladungen formulierten, um die Dynamik von Quarks und Gluonen zu beschreiben.

14.3 Grundlegende Prinzipien der Quantenchromodynamik

14.3.1 Quarks und Gluonen

In der Quantenchromodynamik sind Quarks die fundamentalen Bausteine der Materie und Gluonen die Kraftträger, die die starke Wechselwirkung zwischen Quarks vermitteln. Quarks besitzen eine Eigenschaft, die als Farbladung bekannt ist und in drei Typen vorkommt: Rot, Grün und Blau sowie deren entsprechende Antifarben. Gluonen tragen sowohl Farb- als auch Antifarbladungen, wodurch sie mit Quarks und anderen Gluonen interagieren können.

14.3.2 Asymptotische Freiheit und Beschränkung

Eines der bestimmenden Merkmale der Quantenchromodynamik ist die asymptotische Freiheit. Das bedeutet, dass bei hohen Energien oder kurzen Entfernungen die starke Kraft zwischen Quarks schwächer wird, sodass sie sich fast wie freie Teilchen verhalten. Diese Eigenschaft wurde Anfang der 1970er Jahre von David Gross, Frank Wilczek und David Politzer vorhergesagt und durch experimentelle Beobachtungen bestätigt. Bei niedrigen Energien oder großen Entfernungen sind Quarks jedoch aufgrund der starken Kraft in Hadronen eingeschlossen, was zu dem als Farbbeschränkung bekannten Phänomen führt.

14.4 Mathematischer Formalismus der Quantenchromodynamik

14.4.1 Quantenfeldtheorie und Eichsymmetrie

Die Quantenchromodynamik wird im Rahmen der Quantenfeldtheorie formuliert, die Quarks und Gluonen als Quantenfelder behandelt, die sich in der Raumzeit entwickeln. Die Theorie weist Eichsymmetrie unter der Gruppe SU(3) auf, was die Freiheitsgrade der Farbladung von Quarks und Gluonen widerspiegelt. Die Lagrange-Dichte der QCD beschreibt die Dynamik von Quark- und Gluonenfeldern und ihre Wechselwirkungen durch den Austausch von Gluonen.

14.4.2 Gitter-QCD und numerische Simulationen

Aufgrund der Komplexität der starken Wechselwirkung sind analytische Berechnungen in der Quantenchromodynamik oft eine Herausforderung. Lattice QCD ist ein numerischer Ansatz, der die Raumzeit auf einem Gitter diskretisiert und die Gleichungen der QCD mithilfe von Rechenmethoden löst. Lattice QCD-Simulationen liefern wertvolle Einblicke in die Eigenschaften von Hadronen, wie etwa ihre Massen, Bindungsenergien und innere Struktur, und spielen eine entscheidende Rolle bei der Prüfung theoretischer Vorhersagen und der Interpretation experimenteller Daten.

14.5 Experimentelle Implikationen der Quantenchromodynamik

14.5.1 Tiefinelastische Streuung

Einer der wichtigsten experimentellen Tests der Quantenchromodynamik ist die tiefinelastische Streuung, bei der hochenergetische Elektronen oder Myonen an Nukleonen (Protonen oder Neutronen) gestreut werden, um deren innere Struktur zu untersuchen. Messungen der Strukturfunktionen, wie etwa der Strukturfunktion $F_2(x, Q^2)$ des Protons, liefern wertvolle Informationen über die Verteilung von Quarks und Gluonen innerhalb von Nukleonen und die Dynamik der starken Kraft auf kurze Distanzen.

14.5.2 Jetbildung bei Kollisionen mit hohen Energien

Hochenergetische Kollisionen an Teilchenbeschleunigern wie dem Large Hadron Collider (LHC) bieten die Möglichkeit, die Dynamik der Quantenchromodynamik unter extremen Bedingungen zu untersuchen. Wenn bei diesen Kollisionen Quarks und Gluonen mit hohem Querimpuls erzeugt werden, durchlaufen sie einen Prozess namens Hadronisierung, bei dem sie in kollimierte Teilchenstrahlen, sogenannte Jets, zerfallen. Das Studium der Jet-Bildung und -Eigenschaften bei hochenergetischen Kollisionen hilft Physikern, das Verhalten von Quarks und Gluonen im stark wechselwirkenden Regime der QCD zu verstehen.

14.6 Fortgeschrittene Themen der Quantenchromodynamik

14.6.1 Quark-Gluon-Plasma

Bei extrem hohen Temperaturen und Energiedichten, wie sie bei Schwerionenkollisionen erreicht werden, können

Quarks und Gluonen in einem dekonzentrierten Zustand existieren, der als Quark-Gluon-Plasma (QGP) bezeichnet wird. Man geht davon aus, dass QGP im frühen Universum Mikrosekunden nach dem Urknall existierte und in Laborexperimenten an Einrichtungen wie dem Relativistic Heavy Ion Collider (RHIC) und dem Large Hadron Collider (LHC) nachgebildet wird. Die Untersuchung von QGP liefert Einblicke in das Verhalten von Materie unter extremen Bedingungen und in die Phasenstruktur der Quantenchromodynamik.

14.6.2 Farbkonfinement und QCD-Vakuum

Der Mechanismus der Farbbeschränkung, der verhindert, dass Quarks und Gluonen als freie Teilchen existieren, bleibt eines der ungelösten Rätsel der Quantenchromodynamik. Die Natur des QCD-Vakuums, das von virtuellen Quark-Antiquark-Paaren und Gluonenfeldern durchdrungen ist, spielt eine entscheidende Rolle beim Verständnis der Farbbeschränkung und der Bildung von Hadronen. Gitter-QCD-

Simulationen und theoretische Modelle liefern wertvolle Einblicke in die Struktur und Dynamik des QCD-Vakuums.

14.7 Anwendungen der Quantenchromodynamik

14.7.1 Hadronenphysik und Kernstruktur

Die Quantenchromodynamik liefert den theoretischen Rahmen zum Verständnis der Struktur und Eigenschaften von Hadronen wie Protonen, Neutronen und Mesonen. Durch numerisches Lösen der Gleichungen der QCD und Interpretieren experimenteller Daten können Physiker die Massen, den Spin und die Zerfallsmodi von Hadronen untersuchen und Einblicke in die zugrundeliegende Quark-Gluon-Dynamik gewinnen. Das Verständnis der Struktur von Hadronen ist von entscheidender Bedeutung für die Aufklärung der Eigenschaften von Atomkernen und des Verhaltens von Kernmaterie unter extremen Bedingungen.

14.7.2 QCD-Phänomenologie und Colliderphysik

Die Quantenchromodynamik spielt eine entscheidende Rolle in der Teilchenbeschleunigerphysik, wo hochenergetische Kollisionen die fundamentalen Wechselwirkungen zwischen Quarks und Gluonen untersuchen. Phänomenologische Modelle, die auf QCD-Vorhersagen basieren, werden verwendet, um experimentelle Daten wie Teilchenproduktionsraten, Energieverteilungen und Jet-Eigenschaften zu interpretieren, die an Teilchenbeschleunigern beobachtet werden. Die Untersuchung von QCD-Phänomenen an Teilchenbeschleunigern bietet Möglichkeiten, das Standardmodell der Teilchenphysik zu testen, nach neuen Teilchen und Wechselwirkungen zu suchen und die Natur der fundamentalen Kräfte zu erforschen.

Die Quantenchromodynamik ist nach wie vor ein lebhaftes Forschungsgebiet, in dem die grundlegenden Eigenschaften der starken

Kernkraft und ihre Auswirkungen auf die Struktur der Materie erforscht werden. Zukünftige Forschungsrichtungen zur Quantenchromodynamik umfassen die Verfeinerung theoretischer Modelle, die Entwicklung neuer Rechentechniken und die Durchführung von Präzisionsexperimenten zur Prüfung der Vorhersagen der Quantenchromodynamik in verschiedenen Regimen. Durch die Kombination von Erkenntnissen aus Theorie, Berechnung und Experiment wollen Physiker die Geheimnisse der Quantenchromodynamik entschlüsseln und unser Verständnis der grundlegenden Gesetze, die das Universum regieren, vertiefen.

Kapitel 15: Stringtheorie und Quantengravitation

15.1 Einführung in die Stringtheorie

Die Stringtheorie ist ein theoretischer Rahmen, der darauf abzielt, die fundamentalen Kräfte der Natur, einschließlich der Schwerkraft, in einem einzigen theoretischen Rahmen zu vereinen. In der Stringtheorie sind die Grundbausteine des Universums keine punktförmigen Teilchen, sondern eindimensionale Objekte, die als Strings bezeichnet werden. Diese Strings können mit unterschiedlichen Frequenzen schwingen und so die verschiedenen Teilchen und Kräfte erzeugen, die in der Natur beobachtet werden. Die Stringtheorie umfasst auch die Prinzipien der Quantenmechanik und der allgemeinen Relativitätstheorie und bietet einen potenziellen Rahmen zum Verständnis des Verhaltens von Materie und Energie auf der grundlegendsten Ebene.

15.2 Historische Entwicklung

15.2.1 Ursprünge der Stringtheorie

Die Wurzeln der Stringtheorie reichen bis in die späten 1960er Jahre zurück, als die Veneziano-Amplitude entdeckt wurde, ein mathematischer Ausdruck, der die Streuamplituden von Mesonen in der Teilchenphysik beschreibt. Nachfolgende Entwicklungen von Physikern wie Gabriele Veneziano, Leonard Susskind und Holger Bech Nielsen führten zur Formulierung der ersten Stringtheorien, die Strings als eindimensionale Objekte behandelten, die sich in der Raumzeit ausbreiten.

15.2.2 Superstringtheorie und M-Theorie

In den 1980er Jahren führte die Entdeckung der Supersymmetrie, eines theoretischen Rahmens, der Fermionen und Bosonen in Beziehung setzt, zur Entwicklung der Superstringtheorie, die Supersymmetrie in die Beschreibung der Stringdynamik einbezieht. Die

Superstringtheorie führte zusätzliche Dimensionen der Raumzeit über die bekannten drei räumlichen Dimensionen und eine Zeitdimension hinaus ein und führte zu einer reichhaltigen mathematischen Struktur mit potenziellen Auswirkungen auf die Teilchenphysik und Kosmologie. Die in den 1990er Jahren vorgeschlagene M-Theorie ist eine Erweiterung der Superstringtheorie, die verschiedene Stringtheorien in einem einzigen übergreifenden Rahmen vereint.

15.3 Grundlegende Prinzipien der Stringtheorie

15.3.1 Saiten und Schwingungen

In der Stringtheorie sind die fundamentalen Objekte eindimensionale Strings und keine punktförmigen Teilchen. Diese Strings können in verschiedenen Modi schwingen und vibrieren, wobei jeder Modus einem anderen Teilchen oder einer anderen Kraft entspricht. Das Schwingungsspektrum von Strings bestimmt die

Eigenschaften von Teilchen wie Masse, Ladung und Spin und bietet eine einheitliche Beschreibung der verschiedenen in der Natur beobachteten Teilchen.

15.3.2 Erweiterte Raumzeitdimensionen

Die Stringtheorie erfordert die Existenz zusätzlicher räumlicher Dimensionen jenseits der bekannten drei Raumdimensionen. Diese zusätzlichen Dimensionen sind auf extrem kleinen Skalen kompaktiert oder zusammengerollt, wodurch sie für alltägliche Beobachtungen unsichtbar werden. Die Anzahl und Geometrie dieser zusätzlichen Dimensionen spielen eine entscheidende Rolle bei der Bestimmung der Eigenschaften von String-Vakua und der Niederenergiephysik, die in unserer vierdimensionalen Raumzeit beobachtet wird.

15.4 Mathematischer Formalismus der Stringtheorie

15.4.1 Worldsheet-Theorie

Die Dynamik von Strings wird durch ein mathematisches Modell beschrieben, das als Worldsheet-Theorie bekannt ist. Diese Theorie stellt die zweidimensionale Oberfläche dar, die ein String beschreibt, während er sich durch die Raumzeit bewegt. Die Worldsheet-Theorie beinhaltet Konzepte aus der Quantenfeldtheorie und der allgemeinen Relativitätstheorie und ermöglicht es Physikern, Streuamplituden und andere Observablen der Stringtheorie zu berechnen.

15.4.2 Konforme Feldtheorie

Auf der Quantenebene wird das Verhalten von Strings durch die konforme Feldtheorie beschrieben, ein mathematisches Gerüst, das die Symmetrien und Transformationen der Raumzeit auf kleinen Skalen erfasst. Die konforme Feldtheorie bietet ein leistungsfähiges Werkzeug zur Analyse der Eigenschaften von String-Vakua und zum Verständnis des Verhaltens von Strings in verschiedenen Raumzeit-Hintergründen.

15.5 Experimentelle Implikationen der Stringtheorie

15.5.1 Vereinigung der Kräfte

Eine der Hauptmotivationen hinter der Stringtheorie ist ihr Potenzial, die fundamentalen Kräfte der Natur in einem einzigen theoretischen Rahmen zu vereinen. Indem die Stringtheorie die Gravitation auf gleicher Augenhöhe mit den anderen Kräften behandelt, bietet sie die Möglichkeit, die Widersprüche zwischen Quantenmechanik und allgemeiner Relativitätstheorie aufzulösen, die in herkömmlichen Quantenfeldtheorien auftreten.

15.5.2 Vorhersagen für Teilchenphysik und Kosmologie

Die Stringtheorie macht Vorhersagen für Phänomene, die in Experimenten der

Teilchenphysik und kosmologischen Beobachtungen beobachtet werden könnten. Zu diesen Vorhersagen gehört die Existenz zusätzlicher Teilchen über die im Standardmodell enthaltenen hinaus, wie etwa supersymmetrische Partner bekannter Teilchen, sowie Signaturen zusätzlicher Dimensionen bei hochenergetischen Kollisionen oder Beobachtungen kosmischer Strahlung. Während direkte experimentelle Beweise für die Stringtheorie noch immer schwer zu finden sind, zielt die laufende Forschung darauf ab, ihre Vorhersagen auf indirekte Weise zu testen.

15.6 Fortgeschrittene Themen der Stringtheorie

15.6.1 Landschaft der String-Vakua

Die Stringtheorie sagt eine riesige Landschaft möglicher Vakuumzustände voraus, von denen jeder einer anderen Konfiguration von Extradimensionen und Stringmodi entspricht. Die Landschaft der Stringvakua stellt eine gewaltige Herausforderung für die Theorie- und Modellbildung dar, da Physiker versuchen, den Vakuumzustand zu identifizieren, der unser Universum beschreibt, und die Auswirkungen der anderen Vakua auf die Teilchenphysik und Kosmologie zu verstehen.

15.6.2 Schwarze Löcher und Informationsparadoxon

Die Stringtheorie hat zu neuen Erkenntnissen über das Verhalten von Schwarzen Löchern geführt, Objekten mit so starken Gravitationsfeldern, dass nicht einmal Licht ihnen entkommen kann. Die Stringtheorie legt nahe, dass Schwarze Löcher eine mikroskopische Struktur aus Strings und anderen ausgedehnten Objekten haben könnten, was eine mögliche Lösung für das seit langem bestehende Rätsel des Informationsparadoxons Schwarzer Löcher bietet.

15.7 Anwendungen der Stringtheorie

15.7.1 AdS/CFT-Korrespondenz

Die AdS/CFT-Korrespondenz, eine vermutete Dualität zwischen der Stringtheorie in der Anti-de-Sitter-Raumzeit (AdS) und der konformen Feldtheorie (CFT) an der Grenze der AdS-Raumzeit, hat zu tiefgreifenden Einsichten in die Natur der Quantengravitation und des holographischen Prinzips geführt. Die AdS/CFT-Korrespondenz stellt ein leistungsfähiges Werkzeug für die Untersuchung stark gekoppelter Quantensysteme dar und findet Anwendung in der Festkörperphysik, der Hochenergiephysik und der Quantengravitation.

15.7.2 Kosmologische Implikationen

Die Stringtheorie hat Auswirkungen auf die Kosmologie, die sich mit dem Ursprung und der Entwicklung des Universums beschäftigt. Die Inflation, die schnelle Ausdehnung des Universums in seinen frühen Stadien, kann im Rahmen der Stringtheorie realisiert werden und bietet einen Mechanismus zur Erzeugung der im

Kosmos beobachteten großräumigen Struktur. Die Stringkosmologie sagt auch die Existenz kosmischer Strings voraus, eindimensionaler Objekte, die beobachtbare Spuren in der kosmischen Mikrowellenhintergrundstrahlung und anderen kosmologischen Observablen hinterlassen könnten.

Die Stringtheorie ist nach wie vor ein sehr aktives Forschungsgebiet. Es wird ständig daran gearbeitet, neue mathematische Techniken zu entwickeln, theoretische Modelle zu verfeinern und experimentelle Vorhersagen zu testen. Trotz der Herausforderungen und offenen Fragen hat die Stringtheorie unser Verständnis der fundamentalen Physik tiefgreifend beeinflusst und hat das Potenzial, unsere Sicht des Universums auf seiner grundlegendsten Ebene zu revolutionieren. Während die Forschung in der Stringtheorie weiter voranschreitet, hoffen Physiker, die ultimativen Prinzipien aufzudecken, die den Kosmos regieren, und die Geheimnisse der Quantengravitation zu entschlüsseln.

Kapitel 16: Experimentelle Techniken in der Quantenmechanik

16.1 Einführung in experimentelle Techniken der Quantenmechanik

Experimentelle Techniken spielen eine entscheidende Rolle bei der Untersuchung der komplexen Phänomene der Quantenmechanik, von der Beobachtung des Verhaltens einzelner Teilchen bis hin zur Prüfung der Prinzipien der Quantenüberlagerung und -verschränkung. Dieses Kapitel bietet einen Überblick über verschiedene experimentelle Techniken, die in der Quantenmechanik verwendet werden, von grundlegenden Messungen von Quantensystemen bis hin zu fortgeschrittenen Methoden zur Manipulation und Kontrolle von Quantenzuständen.

16.2 Stern-Gerlach-Experiment

16.2.1 Prinzip des Experiments

Das Stern-Gerlach-Experiment, das 1922 von Otto Stern und Walther Gerlach durchgeführt wurde, ist eine der ersten Demonstrationen des quantisierten Drehimpulses und der Quantisierung von Teilchenspins. Bei dem Experiment wird ein Strahl aus Silberatomen durch ein inhomogenes Magnetfeld geleitet, wodurch die Atome je nach ihrem intrinsischen magnetischen Moment oder Spin entweder nach oben oder nach unten abgelenkt werden. Die beobachtete diskrete Ablenkung der Atome bestätigt die quantisierte Natur des Drehimpulses in der Quantenmechanik.

16.2.2 Bedeutung des Experiments

Das Stern-Gerlach-Experiment lieferte experimentelle Beweise für die Quantisierung des Drehimpulses und die Existenz diskreter Energieniveaus in Atomsystemen und legte damit den Grundstein für die Entwicklung der Quantentheorie. Das Experiment demonstrierte auch das Konzept des Spins, einer grundlegenden Eigenschaft von Teilchen, die in der Quantenmechanik und Teilchenphysik eine entscheidende Rolle spielt.

16.3 Doppelspaltexperiment

16.3.1 Prinzip des Experiments

Das Doppelspaltexperiment, das Thomas Young erstmals 1801 durchführte, demonstriert die Welle-Teilchen-Dualität von Licht und Materie. Bei dem Experiment wird ein Strahl von Teilchen oder Photonen auf eine Barriere mit zwei schmalen Schlitzen gerichtet. Wenn die Teilchen durch die Schlitze hindurchgehen und auf einen Schirm hinter der Barriere treffen, wird ein Interferenzmuster beobachtet, das darauf hinweist, dass die Teilchen wellenartiges Verhalten zeigen. Dieses Interferenzmuster entsteht durch die Überlagerung von Wellen, die von den beiden Schlitzen ausgehen.

16.3.2 Bedeutung des Experiments

Das Doppelspaltexperiment ist ein Eckpfeiler der Quantenmechanik und veranschaulicht den in Quantensystemen inhärenten Welle-Teilchen-Dualismus. Die Beobachtung von Interferenzmustern lässt darauf schließen, dass Teilchen wie Elektronen oder Photonen wellenartiges Verhalten aufweisen und mit sich selbst interferieren können, was klassische Vorstellungen von Teilchenbahnen und Determinismus in Frage stellt.

16.4 Glockentest-Experimente

16.4.1 Prinzip der Experimente

Bell-Testexperimente, die von den Arbeiten des Physikers John Bell in den 1960er Jahren inspiriert wurden, zielen darauf ab, die Prinzipien der Quantenverschränkung und die Verletzung des lokalen Realismus zu testen. In diesen Experimenten werden Paare verschränkter Teilchen, wie etwa Photonen oder Elektronen, erzeugt und durch große

Entfernungen voneinander getrennt. Messungen an einem Teilchen beeinflussen augenblicklich den Zustand seines verschränkten Partners und verletzen damit das Prinzip des lokalen Realismus, das besagt, dass physikalische Eigenschaften lokal und unabhängig von den Handlungen des Beobachters bestimmt werden.

16.4.2 Bedeutung der Experimente

Bell-Testexperimente liefern starke Beweise für die von der Quantenmechanik vorhergesagten nichtlokalen Korrelationen und widerlegen die Möglichkeit, dass Quantenphänomenen verborgene Variablen zugrunde liegen. Die Verletzung der Bell-Ungleichungen in diesen Experimenten stützt die Vorstellung der Quantenverschränkung, bei der die Eigenschaften von Teilchen unabhängig von ihrer räumlichen Trennung intrinsisch miteinander verbunden sind.

16.5 Rastertunnelmikroskopie (STM)

16.5.1 Prinzip des RTM

Die Rastertunnelmikroskopie (STM) ist eine leistungsstarke Technik zur Abbildung von Oberflächen auf atomarer Ebene. Bei der STM wird eine scharfe Metallspitze in die Nähe einer Probenoberfläche gebracht und eine kleine Vorspannung zwischen Spitze und Probe angelegt. Elektronen tunneln zwischen Spitze und Probe und erzeugen einen Tunnelstrom, der empfindlich vom Abstand zwischen Spitze und Oberfläche abhängt. Indem die Spitze über die Probe geführt und der Tunnelstrom überwacht wird, können Bilder der Probenoberfläche in atomarer Auflösung erstellt werden.

16.5.2 Anwendungen des STM

STM findet Anwendung in verschiedenen Bereichen, darunter Oberflächenwissenschaft, Materialwissenschaft und Nanotechnologie. Es wird verwendet, um die atomare Struktur von Oberflächen zu untersuchen, einzelne Atome und Moleküle zu manipulieren und

Nanostrukturen mit atomarer Präzision herzustellen. STM ermöglicht es Forschern auch, Oberflächeneigenschaften wie elektronische Struktur, chemische Reaktivität und Oberflächendiffusionsprozesse im Nanomaßstab zu untersuchen.

16.6 Quantenoptische Experimente

16.6.1 Quanteninterferenz und Hong-Ou-Mandel-Effekt

Quantenoptische Experimente erforschen die wellenartige Natur des Lichts und die Prinzipien der Quanteninterferenz. Der Hong-Ou-Mandel-Effekt, der 1987 von Chung Kwong Wong, Jeff Kimble und Steven Chu demonstriert wurde, beinhaltet die Interferenz nicht unterscheidbarer Photonen an einem Strahlteiler. Wenn zwei identische Photonen von unterschiedlichen Eingangsanschlüssen auf den Strahlteiler treffen, bündeln sie sich und verlassen den Strahlteiler aufgrund der Quanteninterferenz am selben Ausgangsanschluss, was zu einer Verringerung der Anzahl der am anderen Ausgangsanschluss erkannten Photonen führt.

16.6.2 Quanteninformationsverarbeitung

Quantenoptische Experimente bilden auch die Grundlage für die Quanteninformationsverarbeitung, einschließlich Quantenkryptographie, Quantenteleportation und Quantencomputern. Photonen sind aufgrund ihrer geringen Wechselwirkung mit der Umgebung und ihrer einfachen Manipulation mit optischen Komponenten ideale Kandidaten für die Kodierung und Übertragung von Quanteninformationen. Quantenoptische Techniken sind für die Realisierung praktischer Quantentechnologien mit Anwendungen in der sicheren Kommunikation, Informationsverarbeitung und Messtechnik von entscheidender Bedeutung.

Experimentelle Techniken in der Quantenmechanik haben eine zentrale Rolle bei der Aufklärung der grundlegenden Prinzipien der Quantentheorie und der Erforschung des seltsamen und kontraintuitiven Verhaltens von Quantensystemen gespielt. Von den bahnbrechenden Experimenten von Stern und Gerlach und Youngs Doppelspaltexperiment bis hin zu modernen Fortschritten in der Quantenoptik und Rasterkraftmikroskopie erweitern Experimentalphysiker immer wieder die Grenzen unseres Verständnisses der Quantenwelt. Mit der Weiterentwicklung experimenteller Techniken und der Entstehung neuer Technologien sind Physiker bereit, noch tiefere Einblicke in die Geheimnisse der Quantenmechanik zu gewinnen und ihr Potenzial für zukünftige Technologien und Anwendungen zu nutzen.

Kapitel 17: Philosophische Implikationen

17.1 Einleitung

Die Quantenmechanik mit ihren kontraintuitiven Prinzipien und seltsamen Phänomenen hat tiefgreifende philosophische Implikationen, die unser Verständnis von Realität, Kausalität und der Natur der Existenz selbst in Frage stellen. Dieses Kapitel untersucht die philosophischen Implikationen der Quantenmechanik, von Debatten über die Interpretation der Quantentheorie bis hin zu allgemeineren Fragen zu Determinismus, freiem Willen und der Rolle des Bewusstseins im Universum.

17.2 Das Messproblem

17.2.1 Kopenhagener Deutung

Die Kopenhagener Deutung, die in den 1920er Jahren von Niels Bohr und Werner Heisenberg formuliert wurde, besagt, dass Quantensysteme in einer Überlagerung von Zuständen existieren, bis sie gemessen oder beobachtet werden. An diesem Punkt kollabiert die Wellenfunktion zu einem einzigen Zustand. Diese Deutung wirft tiefgreifende Fragen über die Natur der Realität und die Rolle des Beobachters bei Quantenphänomenen auf. Laut Bohr stört der Akt der Messung das System, was zum Kollaps der Wellenfunktion und zur Entstehung klassischen Verhaltens führt.

17.2.2 Viele-Welten-Interpretation

Die Viele-Welten-Interpretation, die Hugh Everett III 1957 vorschlug, bietet eine radikale Alternative zur Kopenhagener Deutung. Dieser Ansicht zufolge führt jede Quantenmessung zur Verzweigung des Universums in mehrere parallele Realitäten, von denen jede einem anderen Ergebnis der Messung entspricht. In der Viele-Welten-Interpretation kollabiert die Wellenfunktion nie und alle möglichen

Ergebnisse von Quantenereignissen koexistieren in einem riesigen Multiversum.

17.3 Determinismus vs. Indeterminismus

17.3.1 Klassischer Determinismus

Die klassische Physik arbeitet nach dem Prinzip des Determinismus, bei dem der zukünftige Zustand eines Systems vollständig durch seine Anfangsbedingungen und die Bewegungsgesetze bestimmt wird. In einem deterministischen Universum folgt jedes Ereignis vorhersehbar aus vorhergehenden Ursachen, was zu einer uhrwerkartigen Sicht der Realität führt, in der die Zukunft fest und unveränderlich ist.

17.3.2 Quantenindeterminismus

Die Quantenmechanik führt Indeterminismus in das Gefüge der Realität ein, wobei Ereignisse auf der Quantenebene eher Wahrscheinlichkeiten als deterministischen Gesetzen unterliegen. Das von Werner

Heisenberg formulierte Unschärfeprinzip besagt, dass bestimmte Paare physikalischer Eigenschaften wie Position und Impuls nicht gleichzeitig mit beliebiger Genauigkeit gemessen werden können. Dieser inhärente Indeterminismus stellt den klassischen Begriff der Kausalität in Frage und legt eine eher probabilistische Sicht des Universums nahe.

17.4 Komplementarität und Welle-Teilchen-Dualität

17.4.1 Bohrs Komplementaritätsprinzip

Niels Bohrs Prinzip der Komplementarität besagt, dass klassische Konzepte wie Teilchen und Wellen komplementäre Beschreibungen von Quantenphänomenen sind, die jeweils unterschiedliche Aspekte der Realität erfassen. Im Doppelspaltexperiment beispielsweise zeigen Teilchen ein partikelähnliches Verhalten, wenn sie als diskrete Einheiten beobachtet werden, während Wellen ein wellenähnliches Verhalten zeigen, wenn sie als Interferenzmuster beobachtet werden. Laut Bohr sind beide Beschreibungen gültig und für ein vollständiges Verständnis von Quantensystemen notwendig.

17.4.2 Welle-Teilchen-Dualität

Der Welle-Teilchen-Dualismus ist ein grundlegender Aspekt der Quantenmechanik, bei dem Teilchen wie Elektronen und Photonen je nach Kontext des Experiments sowohl teilchen- als auch wellenartige Eigenschaften aufweisen. Die wellenartige Natur von Teilchen zeigt sich bei Phänomenen wie Beugung und Interferenz, während die teilchenartige Natur bei Phänomenen wie dem photoelektrischen Effekt und Teilchenkollisionen beobachtet wird. Der Welle-Teilchen-Dualismus stellt unsere klassischen Intuitionen in Frage und verwischt die Unterscheidung zwischen Teilchen und Wellen.

17.5 Freier Wille und Quantenzufälligkeit

17.5.1 Determinismus vs. freier Wille

Die Frage des freien Willens wird in der Philosophie schon lange diskutiert, wobei der klassische Determinismus die Vorstellung menschlicher Handlungsfähigkeit und moralischer Verantwortung in Frage stellt. Der Quantenindeterminismus bietet einen möglichen Ausweg aus dem Determinismus, da Ereignisse auf Quantenebene von Natur aus zufällig und unvorhersehbar sind. Einige Philosophen und Theologen haben den Quantenzufall als Grundlage für die menschliche Freiheit angeführt und darauf hingewiesen, dass Quantenunsicherheit echte Wahlmöglichkeiten und Kreativität im Universum ermöglicht.

17.5.2 Quantenzufälligkeit und Bewusstsein

Die Rolle des Bewusstseins in der Quantenmechanik war Gegenstand von Spekulationen und Kontroversen. Einige Interpretationen der Quantentheorie legen nahe, dass der Akt der Beobachtung oder Messung durch einen bewussten Beobachter eine grundlegende Rolle beim Kollaps der Wellenfunktion spielt. Diese Idee hat zu Spekulationen über die Verbindung zwischen Bewusstsein und der Natur der Realität geführt, wobei einige Befürworter vermuten, dass das Bewusstsein ein grundlegender Aspekt des Universums sein könnte, der Quantenereignisse formt.

17.6 Quantenverschränkung und Nichtlokalität

17.6.1 Einstein-Podolsky-Rosen-Paradoxon

Das 1935 vorgeschlagene Einstein-Podolsky-Rosen-Paradoxon (EPR) beleuchtet das Phänomen der Quantenverschränkung und seine Auswirkungen auf die Nichtlokalität. Laut EPR werden bei der Verschränkung zweier Teilchen deren Eigenschaften so korreliert, dass die Messung des Zustands eines Teilchens sofort den Zustand des anderen bestimmt, unabhängig von der Entfernung zwischen ihnen. Dieser scheinbar nichtlokale Einfluss stellt unsere klassischen Vorstellungen von Lokalität und Trennbarkeit in Frage.

17.6.2 Bell'scher Satz und experimentelle Tests

Der Bellsche Satz, der 1964 vom Physiker John Bell formuliert wurde, bietet ein mathematisches Kriterium zur Unterscheidung zwischen Theorien mit lokalen verborgenen Variablen und nichtlokaler Quantenmechanik. Experimentelle Tests des Bellschen Satzes haben die Vorhersagen der Quantenmechanik durchweg bestätigt, die Möglichkeit lokaler verborgener Variablen ausgeschlossen und starke Beweise für die Realität von Quantenverschränkung und nichtlokalen Korrelationen geliefert.

Die philosophischen Implikationen der Quantenmechanik reichen weit über den Bereich der Physik hinaus und werfen tiefgreifende Fragen über die Natur der Realität, die Grenzen des menschlichen Wissens und die Beziehung zwischen Geist und Materie auf. Von Debatten über die Interpretation der Quantentheorie bis hin zu umfassenderen Fragen über Determinismus, freien Willen und Bewusstsein stellt die Quantenmechanik unsere tiefsten Annahmen über das Universum und unseren Platz darin in Frage. Während wir weiter in die seltsame Welt der subatomaren Teilchen eintauchen, werden wir mit den grundlegenden Geheimnissen der Existenz konfrontiert, die sich einer einfachen Lösung entziehen.

Abschluss

Die Quantenmechanik war eine Reise in die seltsame und faszinierende Welt der subatomaren Teilchen, die unsere klassischen Intuitionen in Frage stellte und unser Verständnis des Universums auf seiner grundlegendsten Ebene neu formte. Von ihren bescheidenen Anfängen im frühen 20. Jahrhundert bis zu ihrem heutigen Status als eine der erfolgreichsten Theorien in der Geschichte der Wissenschaft hat die Quantenmechanik unsere Sicht der Realität revolutioniert und neue Grenzen der Erforschung und Entdeckung eröffnet.

Grundlegende Prinzipien überdenken

Im Mittelpunkt der Quantenmechanik stehen eine Reihe grundlegender Prinzipien, die das Verhalten von Teilchen auf Quantenebene bestimmen. Von Heisenbergs Unschärferelation bis zu Schrödingers Wellengleichung bilden diese Prinzipien den mathematischen Rahmen für die Beschreibung des Verhaltens von Teilchen wie Elektronen, Photonen und Atomen. Der Welle-Teilchen-Dualismus der Materie, die Wahrscheinlichkeitsnatur von Quantenmessungen und das Superpositionsprinzip stellen unsere klassischen Vorstellungen von Determinismus und Vorhersagbarkeit in Frage.

Erforschung seltsamer Phänomene

Die Quantenmechanik ist voller seltsamer und kontraintuitiver Phänomene, die unseren Alltagserfahrungen widersprechen. Die Quantenverschränkung, bei der Teilchen so korreliert werden, dass die Messung eines Teilchens sich unmittelbar auf das andere auswirkt, bleibt einer der rätselhaftesten Aspekte der Quantentheorie. Bells Theorem und experimentelle Tests der Quantenverschränkung haben die Realität nichtlokaler Korrelationen bestätigt und unsere klassischen Vorstellungen von Kausalität und Lokalität in Frage gestellt.

Erforschung der Quantenwelt

Experimentelle Techniken der Quantenmechanik haben es Physikern ermöglicht, die Quantenwelt mit beispielloser Präzision und Kontrolle zu untersuchen. Vom Stern-Gerlach-Experiment bis hin zur modernen Quantenoptik und Rasterkraftmikroskopie haben Experimentalphysiker das komplexe Verhalten von Quantensystemen aufgedeckt und die Vorhersagen der Quantentheorie im Labor getestet. Quantencomputer und Quantenkryptographie stellen die Speerspitze der Quantentechnologie dar und haben das Potenzial, die Computer-, Kommunikations- und Informationssicherheit zu revolutionieren.

Interpretation der Quantentheorie

Die Interpretation der Quantenmechanik bleibt unter Physikern und Philosophen Gegenstand von Debatten und Spekulationen. Die Kopenhagener Deutung mit ihrer Betonung des

Kollapses der Wellenfunktion und der Rolle des Beobachters bleibt eine der am weitesten verbreiteten Interpretationen der Quantentheorie. Alternative Interpretationen wie die Viele-Welten-Interpretation und die Pilotwellentheorie bieten jedoch andere Perspektiven auf die Natur der Quantenrealität und stellen unser Verständnis der Quantenwelt in Frage.

Philosophische Implikationen

Die Quantenmechanik hat tiefgreifende philosophische Implikationen, die weit über den Bereich der Physik hinausgehen. Fragen zu Determinismus, freiem Willen und der Natur des Bewusstseins überschneiden sich mit den Mysterien der Quantentheorie und werfen grundlegende Fragen zur Natur der Realität und unserem Platz darin auf. Die durch die Quantenmechanik ausgelösten philosophischen Debatten inspirieren weiterhin zu tiefgreifender Reflexion und Untersuchung und loten die Grenzen menschlichen Wissens und Verstehens aus.

In die Zukunft schauen

Während wir uns immer tiefer in die seltsame Welt der subatomaren Teilchen vertiefen, werden wir mit neuen Herausforderungen und Entdeckungsmöglichkeiten konfrontiert. Von der Suche nach einer einheitlichen Theorie der Quantengravitation bis hin zur Entwicklung praktischer Quantentechnologien bleibt das Streben, die Kraft der Quantenmechanik zu verstehen und zu nutzen, eines der aufregendsten und fruchtbarsten Unterfangen der modernen Wissenschaft. Mit jedem neuen Experiment, jeder neuen theoretischen Erkenntnis kommen wir der Entschlüsselung der Geheimnisse der Quantenwelt näher und können ihr Potenzial zum Wohle der Menschheit freisetzen.

Zusammenfassend lässt sich sagen, dass die Quantenmechanik ein Beweis für die Kraft des menschlichen Intellekts und der menschlichen Neugier ist und ein Fenster in eine Realität bietet, die zugleich bizarr und schön ist.

Während wir weiterhin die Grenzen der Quantentheorie erforschen, werden wir an die grenzenlosen Möglichkeiten erinnert, die vor uns liegen, und an die endlosen Wunder, die in der seltsamen Welt der subatomaren Teilchen darauf warten, entdeckt zu werden.

Danksagung

Das Verfassen einer umfassenden Abhandlung über die Quantenmechanik wäre ohne die Anleitung, Unterstützung und Beiträge zahlreicher Personen und Ressourcen nicht möglich gewesen. Ich möchte meinen tiefsten Dank aussprechen an:

- **Meine Mentoren und Berater**: [Namen einfügen] für ihre unschätzbaren Erkenntnisse, Ermutigung und Anleitung während des gesamten Schreibprozesses. Ihr Fachwissen und ihre Hingabe haben maßgeblich zur Gestaltung dieser Arbeit und zur Erweiterung meines Verständnisses der Quantenmechanik beigetragen.

- **Die Pioniere der Quantentheorie**: Niels Bohr, Werner Heisenberg, Erwin Schrödinger, Max Planck, Albert Einstein und viele andere, deren bahnbrechende Beiträge den Grundstein für die moderne Quantenmechanik legten. Ihre bahnbrechenden Erkenntnisse inspirieren und prägen bis heute unser Verständnis der Quantenwelt.

- **Die wissenschaftliche Gemeinschaft**: für ihre fortlaufende Forschung, Zusammenarbeit und Verbreitung von Wissen auf dem Gebiet der Quantenmechanik. Der lebhafte Austausch von Ideen und Entdeckungen innerhalb der wissenschaftlichen Gemeinschaft hat unser kollektives Verständnis von Quantenphänomenen bereichert und die Grenzen unseres Wissens erweitert.

- **Die Autoren und Forscher**: deren Veröffentlichungen, Vorträge und Lehrmaterialien als wertvolle Ressourcen und Referenzen bei der Vorbereitung dieser Arbeit dienten. Ihr Engagement für die Weiterentwicklung des Gebiets der Quantenmechanik und die Weitergabe ihres Fachwissens waren für die Gestaltung des Inhalts dieses Buches von entscheidender Bedeutung.

- **Meine Familie und Freunde**: für ihre unerschütterliche Unterstützung, Ermutigung und ihr Verständnis während des gesamten Schreibprozesses. Ihre Liebe, Geduld und ihr Glaube an meine Fähigkeiten waren eine ständige Quelle der Kraft und Inspiration.

- **Die Leser**: deren Neugier und Begeisterung für die Wunder der Quantenmechanik mich motiviert haben, bei der Darstellung dieses komplexen Themas nach Klarheit, Genauigkeit und Tiefe zu streben. Ich hoffe aufrichtig, dass dieses Buch jedem, der sich für die seltsame Welt der subatomaren Teilchen interessiert, eine wertvolle Ressource und Inspirationsquelle darstellt.

Ich möchte allen, die direkt oder indirekt zur Entstehung dieses Buches beigetragen haben, meinen herzlichsten Dank aussprechen. Ihre Unterstützung und Ermutigung waren unverzichtbar und ich bin zutiefst dankbar für die Gelegenheit, diese Erforschung der Quantenmechanik mit Ihnen zu teilen.

Mit aufrichtiger Wertschätzung,

Dominik Schiffer

Verweise

1. Bohr, N. (1935). *Nature, 136*(3433), 65-66.

2. Everett III, H. (1957). *Reviews of Modern Physics, 29*(3), 454-462.

3. Bell, JS (1964). *Physics, 1*(3), 195-200.

4. Heisenberg, W. (1927). *Zeitschrift für Physik, 43*(3-4), 172-198.

5. Wheeler, JA, & Zurek, WH (1983). *Quantentheorie und Messung*. Princeton University Press.

6. Penrose, R. (1989). *Der neue Geist des Kaisers: Über Computer, Geister und die Gesetze der Physik*. Oxford University Press.

www.ingramcontent.com/pod-product-compliance
Lightning Source LLC
Chambersburg PA
CBHW032211220526
45472CB00018B/666